ENERGIA DAS ÁGUAS

ENERGIA DAS ÁGUAS

paradoxo e paradigma

RODNEI VECCHIA

Manole

MINHA EDITORA é um selo editorial Manole
EDITOR GESTOR: Walter Luiz Coutinho
EDITORA: Karin Gutz Inglez
PRODUÇÃO EDITORIAL: Cristiana Gonzaga S. Corrêa, Juliana Morais e Visão Editorial
DIAGRAMAÇÃO: Visão Editorial
ILUSTRAÇÕES DO MIOLO (FIGURAS 2, 3, 4 E 5): Caio Cacau
CAPA E PROJETO GRÁFICO: Daniel Justi

DADOS INTERNACIONAIS DE CATALOGAÇÃO NA PUBLICAÇÃO (CIP)
(Câmara Brasileira do Livro, SP, Brasil)

Vecchia, Rodnei
Energia das águas : paradoxo e paradigma /
Rodnei Vecchia. -- Barueri, SP : Minha Editora, 2014.
Bibliografia.
ISBN 978-85-7868-111-1
1. Água - Conservação 2. Educação ambiental
3. Energia - Conservação 4. Recursos energéticos
5. Recursos hídricos I. Título.

14-03519 CDD-370.115

ÍNDICES PARA CATÁLOGO SISTEMÁTICO:
1. Educação ambiental e vida sustentável
370.115

1ª edição – 2014

EDITORA MANOLE LTDA.
Avenida Ceci, 672 – Tamboré
06460-120 – Barueri – SP – Brasil
Tel.: (11) 4196-6000 – Fax: (11) 4196-6021
www.manole.com.br | info@manole.com.br

Impresso no Brasil | *Printed in Brazil*

Este livro contempla as regras do Acordo Ortográfico da
Língua Portuguesa de 1990, que entrou em vigor no Brasil em 2009.

São de responsabilidade do autor as informações contidas nesta obra.

À minha família que se
foi e deixou saudades,
em especial Anita Longo
Vecchia e Isair Rocha
Vecchia, pela alegria doce
da Torta Napoleão.
À minha família que
ficou, sustentáculo de
meus sonhos e desafios.

Lista de figuras

Lista de tabelas

Sumário

Águas de Piraju
límpidas evaporam-se
Nuvens de imensidão
pisos vermelhos de paixão

Águas de peixe dourado
curvilíneas correntezas
Águas de vida e beleza
escapam ao céu

Retroalimentação divina
que molda a maravilha nua
das águas do Panema

Muitos novos dias
embebidos na alegria
das lindas águas de Piraju!

Rodnei Vecchia

Introdução

O MODELO DE CRESCIMENTO ECONÔMICO IMPLANTADO desde a Revolução Industrial exaure os recursos naturais não renováveis do planeta em escala e velocidade assustadoras, com consequências incontroláveis. O mundo está mudando rapidamente. Os diagnósticos dos rumos futuros ainda são imprecisos, dada a complexidade dos problemas.

Desde sua formação, há aproximadamente 4,5 bilhões de anos, o planeta Terra sofre mudanças profundas. A atmosfera evoluiu até sua atual composição, que permite a presença de vida como conhecemos. Muitos fenômenos naturais foram responsáveis por isso: radiação solar, erupções vulcânicas e a própria evolução das espécies.

O consumo dos recursos naturais e o gasto de energia para produzir a fúria consumista são escravos de um modelo de maximização de lucros, que coloca a natureza apenas como uma fonte serviçal de recursos, como se fossem infinitos. Atualmente, a Terra, finita, precisaria de um descanso total de um ano e meio a cada ano de consumo para recompor os recursos naturais.

Busca-se uma nova ordem mundial, em que a protagonista é a sustentabilidade, qual seja, a criação de condições para que o hoje não exista às expensas do amanhã. Fala-se na criação de um sistema equilibrado com condução de políticas econômicas e cooperação internacional caracterizadas por dupla direção de desenvolvimento e conservação ambiental. Um sistema que seja bem-sucedido simultaneamente com os limites internos (necessidades básicas e bem-estar de todos) e com os limites externos (recursos naturais finitos). Contudo, nesse complexo jogo de interesses geopolíticos, infelizmente fracassaram as diversas tentativas realizadas nos últimos 50 anos.

A população percebe a gravidade do problema, e importantes passos estão sendo trilhados em todas as áreas da sociedade na direção do desenvolvimento sustentável. Observações de prosperidade ecológica ganham respostas e denunciam os paradoxos do modelo de economia do descarte.

Em tempos recentes, as atividades humanas têm modificado de maneira abrupta o equilíbrio do nosso lar. Produzem efeitos em grande escala que alteram o desenvolvimento natural das plantas, dos animais e do próprio ser humano. Com a água, o recurso mais precioso sob a face do planeta, não foi diferente.

A água, bem fundamental à vida, é uma "bênção divina". Além de compor 70% da massa corporal humana, proporciona uma série de serviços gratuitos à humanidade, dentre os quais, está a produção de energia. Mas será que todos os projetos de energia das águas são benéficos? Quais são os principais paradoxos e paradigmas da energia produzida pelas águas? Como preservar a água para o acesso universal das atuais e futuras gerações? Como ter sempre água e energia?

Esclarecer essas questões estratégicas é o objetivo maior desta obra, de caráter voluntário e independente. Em todos os capítulos, há exemplos de intervenções positiva e negativa do ser humano na natureza. Culmina com um estudo de caso de minha querida terra natal, a Estância Turística de Piraju, mais uma vez envolta com um projeto de uma usina hidrelétrica nas belezas indescritíveis do ainda límpido rio Paranapanema.

Coloquei, neste livro, suor e alma, com o objetivo único de contribuir - principalmente junto aos meus conterrâneos, municiando-os de dados, estudos e informações - com reflexões e discussões desprovidas de radicalismo, em busca de caminhos de desenvolvimento sustentável que propiciem prosperidade e bem-estar à maioria da sociedade.

Espero que este texto seja o embrião da construção de cidades mais sustentáveis. Que os pirajuenses e os indivíduos que direta ou indiretamente sofrem consequências oriundas de obras para produzir energia por meio da força das águas tomem as melhores e mais criativas decisões, e construam futuros promissores, justos, pacíficos, sustentáveis e com qualidade de vida para todos. Afinal, a escolha do mundo que se quer formar e viver está nas mãos dos seres humanos.

1

A força das águas

Se as guerras do século XX foram motivadas pela exploração do petróleo, os conflitos do século XXI estarão centrados no controle dos recursos hídricos. Quem controla a água controla a vida.

BOAVENTURA DE SOUSA SANTOS, SOCIÓLOGO PORTUGUÊS

DIA 22 DE MARÇO É O DIA MUNDIAL DA ÁGUA. O BRASIL tem o privilégio de ser uma das poucas regiões do mundo com enorme superávit desse bem, essencial à vida, que constitui cerca de 70% do corpo humano. Mais do que enaltecimentos vazios que se evaporam ao vento, esperam-se de todos ações concretas em defesa do ouro azul, cujo real valor perpassa aparentemente despercebido por entre milhares de mãos humanas.

Força motriz de toda a natureza – ou a única bebida para um homem sábio –, a água é uma dádiva indispensável à vida, essencial à manutenção da saúde e à garantia do bem-estar do ser humano. Para Tales de Mileto, esse elemento é o princípio de todas as coisas, e Guimarães Rosa dizia que a água de boa qualidade é como a saúde ou a liberdade: só tem valor quando acaba.

Parafraseando o poeta inglês W. H. Auden: "Muitas pessoas vivem sem amor, mas nenhuma, sem água". Um ser humano é capaz de suportar até 200 dias sem se alimentar. Sem água, porém, a resistência é bem menor: após 36 horas, o organismo começa a entrar em colapso.

Ao longo da história das civilizações, as mais longevas e prósperas sempre se estabeleceram perto de cursos d'água, em busca de suprimento consistente e confiável. A universalização do acesso à água e ao saneamento básico é direito de todos e dever básico de mandatários públicos.

Em 2010, a Organização das Nações Unidas (ONU) aprovou a Resolução nº 64/292, que declara que o acesso à água limpa e segura e ao saneamento básico é um direito essencial de todos. Essa resolução está em linha com um dos objetivos do milênio, que prevê reduzir pela metade, até 2015, a parcela da população mundial sem acesso à água potável e segura e ao saneamento.

A universalização do acesso à água é um dos maiores desafios mundiais. As dimensões do problema são descomunais: 17% da população mundial não possui acesso à água potável, 40% não tem saneamento básico e 1 bilhão de pessoas ainda faz as suas necessidades fisiológicas a céu aberto. Em países do continente africano, o problema de acesso aflige diretamente a população feminina, e muitas mulheres chegam a demorar seis horas diárias na busca por alguns litros de água. Países que sofrem com estresse hídrico, ou que possuem menos de 1.000 m^3 de água por pessoa e por ano, são cada vez mais numerosos.

Em 2050, mais de 45% da população mundial não poderá contar com a porção mínima individual de água para necessidades básicas, conforme prevê a ONU, que estabelece como volume ideal de 110 litros por pessoa por dia. Alguns países usam menos de 10 litros de água por pessoa ao dia: Gâmbia usa 4,5; Mali, 8; Somália, 8,9; e Moçambique, 9,3. No Brasil, usam-se 159 litros. Em contrapartida, o cidadão de classe média dos Estados Unidos usa 600 litros de água por dia (na Califórnia, 4,1 mil litros), e o britânico, 110 litros.

Brasil, Rússia, China e Canadá são os privilegiados países que, praticamente, controlam as reservas mundiais de água. Vive-se em um planeta de águas, em que 75% de sua superfície é recoberta por oceanos, calotas polares, rios e lagos. A água é uma das poucas substâncias que pode ser encontrada nos três estados físicos (líquido, sólido e gasoso), dependendo da temperatura. Também pode ser encontrada em aquíferos subterrâneos, como o Guarani, o maior deles, sob a bacia do rio Paraná, que espalha suas límpidas águas doces por quatro países: Brasil, Paraguai, Uruguai e Argentina. Esse abissal volume azul é majoritariamente salgado, e os elevados custos de dessalinização ainda dificultam tornar a água salgada potável.

Conforme mostrado na Figura 1, do total de águas do planeta, 97,5% é salgada. Os restantes 2,5% são de água doce, com baixa concentração de sais (inferior a 1 grama por litro). Essa tênue camada de água doce distribui-se assim: 69% em geleiras e neves eternas; 30% em água subterrânea; 0,7% em umidade do solo, pantanais e solos congelados; e 0,3% em lagos e rios.

A água também é uma das poucas fontes para produção de energia que não contribui para o aquecimento global. Pelos efeitos

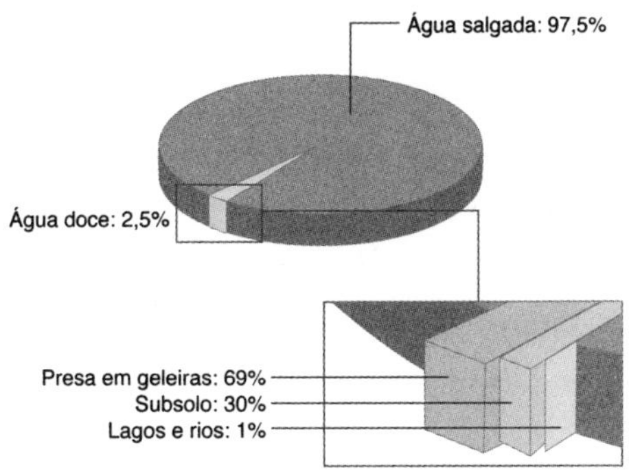

Figura 1 Distribuição de água no mundo.

Fonte: Unep, 2012.

da energia solar e da força da gravidade, o líquido transforma-se em vapor que se condensa em nuvens, que retornam à superfície terrestre sob a forma de chuva, em um mágico e constante ciclo hidrológico, o ciclo da vida.

O uso da força das águas para gerar energia é bastante antigo, e começou com a utilização das chamadas rodas d'água do tipo horizontal, as quais, pela ação direta de uma queda d'água, produzem energia mecânica. A partir do século XVIII, com o surgimento de tecnologias como o motor a vapor, o dínamo, a lâmpada e a turbina hidráulica, foi possível converter a energia mecânica em eletricidade. Água e energia caminham juntas, sem energia não se tem acesso à água, e sem água não se produz energia limpa e renovável.

Mesmo assim, a participação da água na matriz energética mundial é pouco expressiva e, na matriz da energia elétrica, é decrescente. A participação da força das águas, em um período de 33 anos (1973 a 2006) na produção total de energia, diminuiu de 2,2 para 1,8%. No mesmo período, a posição na matriz da energia elétrica sofreu recuo acentuado: de 21 para 16%. Esse percentual é inferior ao do carvão, petróleo e gás natural, combustíveis fósseis não renováveis, cuja combustão é caracterizada pela liberação de gases na atmosfera, sujeitos a um possível esgotamento das reservas em médio e longo prazos.

A energia límpida das águas renováveis, outrora um paradigma energético, transformou-se em um aparente paradoxo com o recrudescimento dos movimentos ambientalistas ao redor do mundo, que questionam a validade de se construir usinas hidrelétricas ante os fortes impactos negativos que provocam no entorno.

Gestão hídrica

A água é uma questão central na economia de qualquer país. A segurança hídrica é um tema estruturante que tem de estar presente como protagonista em quaisquer pautas de agendas políticas, não só na área de economia ambiental ou social, mas na articulação e desenvolvimento da própria sociedade.

A água torna-se progressivamente limitada, tanto de forma local como global; problema potencializado pelos efeitos colaterais da crescente urbanização, das mudanças climáticas e do aquecimento do planeta. Os regimes hídricos sofrem bruscas alterações com chuvas intempestivas, seguidas de veranicos, menores volumes de água e maiores volumes de poluentes.

A partir da década de 1980, a política da água formatou-se sob o princípio de um bem econômico de mercado, uma mercadoria precificada do comércio, com demanda garantida. Deixou de ser um produto comum, sem preço, disponível como direito humano fundamental. Esse princípio foi estabelecido formalmente pela primeira vez em 1992 em Dublin, na Conferência das Nações Unidas sobre a Água, com a concordância de todas as nações-membro da ONU.

Um dos grandes embates globais sobre a gestão da água é se ela deve ser pública, privada ou em parceria entre esses dois setores. Apesar de o abastecimento de água ser feito predominantemente por órgãos públicos em alguns países, como Brasil, Suíça, Países Baixos e Estados Unidos, a quantidade de indivíduos servidos por empresas privadas no ano de 2000 superou os 400 milhões. Prevê-se que em 2015 cerca de 1,7 bilhão de pessoas usam os serviços privados de acesso à água.

O gerenciamento dos recursos hídricos pode ser compreendido como o conjunto de ações destinado a regulamentar o uso, o controle, a proteção e a conservação das águas, seguindo os princípios e os instrumentos estabelecidos nas políticas nacionais, nos acordos internacionais e transfronteiriços. Na esfera do gerenciamento, está a gestão, um conjunto de instrumentos comumente utilizado na elaboração de projetos de recuperação de nascentes, rios, na engenharia de águas pluviais, na construção de barragens, entre outros de cunho técnico. Todos esses processos têm na sua essência a melhoria na qualidade de vida da população e dos ecossistemas globais e regionais.

Dados e informações sobre hidrologia são raros, são mais um contrassenso humano com um bem transversal, de integração. Somente os Estados Unidos e poucos países da União Europeia fazem algum tipo de monitoramento sobre seus corpos d'água. Os níveis de barragens, apesar de monitorados por seus operadores, dificilmente são divulgados, e milhões de pessoas nem sequer têm noção, ao longo dos anos, se os níveis de lagos e rios estarão baixos ou cheios.

Um grupo de mais de 500 cientistas de 32 países, liderados pela França e pelos Estados Unidos, trabalha na globalização de informações de recursos hídricos. Está em construção um satélite denominado Swot (*Surface Water Ocean Topography*), que vai medir e monitorar oceanos, litorais, lagos, rios e outros pontos úmidos do planeta, por meio de dois radares que se moverão na atmosfera a 25 mil km/h. O satélite gerará mapas tridimensionais dos níveis de água, seus fluxos, refluxos, circulação e complexidade, em tempo real. Os dados serão disponibilizados, gratuitamente, pela internet e espera-se que esteja em operação até 2018.

No Brasil, a gestão, outrora localizada e setorial, passou para o nível de bacia hidrográfica, mais integrada. Não se faz mais a gestão do ciclo hidrológico só abordando o suprimento energético e para consumo. É preciso pensar na gestão de áreas úmidas e secas, na pesca, na recreação, no turismo, na navegação, enfim, em um complexo conjunto de usos múltiplos que representam um corpo de água. Por outro lado, essa gestão integrada implica a necessidade de se gerir águas atmosféricas, superficiais e subterrâneas.

Segundo a ONU, a agropecuária utiliza 69% da extração de água doce no planeta, a indústria, 22%, e as residências, 9%. No ano de 1995, o consumo mundial foi metade do que apontaram estudos estatísticos realizados 30 anos antes. Espalham-se pelo mundo leis e regulações que impõem posturas construtivas para reter águas pluviais, que possibilitam seu reúso.

O processo de irrigação artificial ou subterrâneo gota a gota, implantado em alguns países, como Israel, é um fator decisivo no aumento da produtividade alimentícia. Sua eficiência é infinitamente superior aos métodos de alagamento tradicionais. Novas tecnologias, métodos criativos e conscientização provocam avanços no uso mais racional e produtivo da água.

A gestão dos recursos hídricos implica resolver dois aspectos fundamentais. O primeiro é a questão de integrar qualidade e quantidade de água de forma adequada. Os usos múltiplos, o excesso de uso e o desperdício são importantes, mas a questão da qualidade engloba todos esses fatores. A princípio, pensava-se que a escassez de água era motivada pela sua quantidade. Diagnóstico correto: com o agravamento dos problemas de qualidade, tem-se água abundante, mas contaminada, e sua purificação está cada vez mais dispendiosa.

A poluição das águas tem origem na adição de substâncias ou de formas de energia que, direta ou indiretamente, alteram as características físicas e químicas de um corpo d'água, prejudicando sua utilização para usos benéficos.

Enquanto na cidade de São Paulo as áreas de mananciais são clandestinamente ocupadas por cerca de 3.000 habitantes por km^2, em países desenvolvidos não se permite mais do que 7 habitantes por km^2 no entorno dessas áreas. Além disso, em muitos países desenvolvidos, é rigorosamente proibida a pesca com molinetes, é permitida somente a agricultura orgânica, e os detentores dessas áreas recebem compensações financeiras do poder público pelo tamanho das áreas que auxiliam a proteger. O princípio do "poluidor-pagador" é uma excelente ferramenta de gestão para estimular ações preventivas de preservação ambiental.

Milhões de toneladas de esgoto inadequadamente tratados e efluentes industriais e agrícolas são despejados nos lagos, rios e deltas. Anualmente, morrem mais pessoas pelas consequências do consumo de águas impróprias do que por todas as formas de violência, incluindo as guerras. A cada ano, a contaminação das águas de ecossistemas naturais afeta diretamente os seres humanos pela destruição de recursos pesqueiros, ocasiona mais impactos sobre a biodiversidade e prejudica a produção de alimentos.

À medida que o tratamento de esgotos avança, aumenta a importância da chamada carga difusa na poluição de cursos d'água. A carga difusa representa os demais poluentes que também afetam a qualidade da água, como lixos jogados em rios e a poluição presente no ar. São mais de 100 mil substâncias sintéticas que acabam indo para os cursos d'água junto com as chuvas. A maior parte da água doce poluída desemboca nos oceanos e provoca graves prejuízos a muitas áreas costeiras, agravando a situação dos complexos marinhos e dificultando sua gestão.

Apenas 1 litro de óleo de cozinha contamina 20 mil litros de água. Por outro lado, para produzir uma tonelada de aço, gastam-se 15 mil litros de água; cada 1 kg de frango consome 2 mil litros de água; 1 kg de arroz, 1,5 mil litros de água; 1 kg de pão, mil litros de água. A produção de um automóvel utiliza uma quantidade de água que pode abastecer uma pessoa por dois meses; para produzir um barril de petróleo, gastam-se 290 mil litros de água; uma tonelada de papel leva 250 mil litros de água.

O segundo aspecto é como, na economia globalizada e em todo esse conjunto dinâmico de processos econômicos e sociais do século XXI, o uso, a qualidade e a quantidade dos recursos hídricos estão sendo afetados. Na medida em que a sociedade se desenvolve e o processo de urbanização cresce, a economia se torna mais complexa e desenvolvida, o que provoca aumento de demanda por recursos hídricos.

Devem ser implantadas medidas urgentes de melhoria na qualidade do abastecimento de água nas grandes metrópoles, sob pena de que cidades como São Paulo, Pequim, Mumbai e Dacar, que cada vez vão buscar água em bacias mais distantes, sofram com a falta do produto e enfrentem um regime severo de economia do recurso, em um período de apenas dez anos. Muitos rios que banham metrópoles como São Paulo estão praticamente mortos; são apenas canais por onde escoa todo o esgoto gerado nas atividades urbanas.

O Brasil ainda não definiu legalmente critérios e métodos que normatizem o tratamento de água contaminada por agrotóxicos em reservatórios de abastecimento, principalmente os pesticidas utilizados para combater determinados nutrientes provenientes dos esgotos e que são responsáveis pela proliferação de algas (cianobactérias) em épocas de calor em locais com saneamento básico precário.

Estabelecer redes transdisciplinares, que possibilitem gestão participativa e otimizem esforços e recursos integrados, é uma das soluções para preservar cursos d'água. Outra solução é a conscientização do problema por meio de processos intensivos de educação ambiental. É preciso procurar caminhos dentro do sistema econômico preponderante, que se apropria em demasiado dos recursos naturais, para utilizar menos água e preservar sua qualidade, mantendo elevados estoques de segurança de um bem vital para a espécie humana e para toda a biodiversidade do planeta.

Aquíferos

A gestão da escassez de água não se restringe somente a águas superficiais, mas também às águas escondidas dos aquíferos. Os aquíferos são depósitos fósseis herdados da última era do gelo, ou seja, levaram milhares de anos para se formar e são abastecidos por precipitações drenadas da superfície.

Em regiões onde a água se encontra a mais de 1 km de profundidade, pode atingir entre 50°C e 85°C e ser útil para alguns processos industriais e também para recreação e lazer, com instalação de termas.

Mais da metade da população mundial é abastecida por águas subterrâneas. Há, no mundo, oito grandes aquíferos e centenas de pequenos outros. Em alguns países, como França, Itália e Alemanha, os aquíferos abastecem de 70 a 90% do total de água consumida.

No Brasil, 61% da população utiliza água de poço para fins domésticos. Existem mais de 300 milhões de poços perfurados pelo planeta; no Brasil, são oficialmente 300 mil poços artesianos, mas especialistas indicam que esse total só representa 20% do montante existente.

O aquífero Guarani, que possui 2/3 de sua área sob o solo brasileiro, foi formado pela deposição de duas sequências de rochas, uma sedimentar e outra vulcânica, ao longo dos períodos Triássico, Jurássico e Cretáceo da era Mesozoica, entre 248 e 65 milhões de anos passados. Ainda está bem protegido de contaminações e sua recarga é superior à extração, principalmente em virtude do regime de chuvas.

O problema da recarga ocorre quando as reservas subterrâneas se encontram em locais de baixos índices pluviométricos, onde prevalece clima mais seco ou onde são a principal ou única fonte de água existente para abastecer as populações locais.

O Guarani sofre ameaça de exploração do gás de xisto, que existe em grande quantidade sob o seu aquífero e contamina a água.

O xisto é um tipo de rocha aprisionado em pequenas bolhas de formações rochosas altamente impermeáveis. Diferentemente do gás natural e do petróleo – que ocorrem em estruturas geológicas e nichos próprios, o gás do xisto está impregnado nas rochas e na própria formação geológica.

A extração do gás de xisto tornou-se eficiente e econômica nos Estados Unidos graças aos avanços tecnológicos. Pelo método de fraturamento hidráulico ("*fracking*"), o gás é liberado quando a rocha é fraturada ao se injetar, sob alta pressão, enormes quantidades de água, de explosivos e de substâncias químicas. No entanto, todos esses componentes utilizados e também as substâncias tóxicas liberadas pela explosão (como o metano) podem vazar e contaminar aquíferos de água doce situados acima do xisto. Embora esses danos ambientais ainda não sejam totalmente conhecidos, eles parecem ser irreversíveis.

O Brasil assinou tratados com países vizinhos que compartilham do aquífero e deve evitar qualquer ação que possa trazer riscos de contaminar essa riqueza natural da humanidade.

No final dos anos 1950, descobriu-se outro gigantesco aquífero brasileiro, na região amazônica, sob os Estados do Amazonas, Pará e Amapá, denominado Alter do Chão. O sistema encontra-se a 500 m do solo e, de acordo com projeções iniciais, apesar de ocupar 1/3 da área do Guarani, teria o dobro do volume de água dele.

Nem só das águas subterrâneas do Guarani e do Alter do Chão vive o Brasil. No Nordeste, os aquíferos Urucuia e Jandaíra são fontes importantes para o abastecimento público e para a irrigação na agricultura. No Estado de São Paulo, além do Guarani, há o aquífero Bauru, recurso fundamental para a região oeste do Estado, principalmente nos arredores de Ribeirão Preto, cidade 100% abastecida por águas de aquíferos.

Nos Estados Unidos, há o gigantesco aquífero Ogallala, um depósito pleistocênico que se espalha sob oito estados norte-americanos. Localizado em uma região predominantemente seca e carente de recursos hídricos, vai do Texas a Dakota do Sul. É uma das regiões agrícolas mais produtivas do mundo e o aquífero foi o grande responsável pela pujança do local, possibilitando a irrigação de imensas plantações de trigo, algodão, milho, sorgo, entre outros produtos.

Ocorre que, por muitas décadas, são retirados do Ogallala, por meio de milhares de poços, 30 cm de água ao ano, enquanto sua reposição natural é de 1 a 2 cm no mesmo período. O reservatório milenar está condenado e sua vida útil é calculada entre 10 e 25 anos, uma tragédia anunciada para uma região que deve sua prosperidade às águas subterrâneas do Ogallala.

Apesar de muito explorados, os aquíferos ainda são pouco conhecidos pela ciência e não é uma tarefa fácil compreender as especificidades dessa riqueza. Em 2012, fez-se uma análise da água retirada do Guarani e constatou-se que era de 600 mil anos atrás. Águas escondidas são recursos estratégicos que devem ser preservados de contaminação e ser utilizados de forma sustentável para servir à sociedade.

A destruição planejada de um oásis: o mar de Aral

O mar de Aral (em português, mar das Ilhas) é, na verdade, um lago, considerado o maior da Eurásia depois do Cáspio, uma imensidão de água salgada no centro do continente asiático. Atribuiu-se a ele o nome de mar porque, muitos séculos atrás, o mar Cáspio e o mar Negro estavam conectados pelo Aral. Por esse motivo, suas águas são mais salgadas que as de lagos normais.

O lago localiza-se entre o Cazaquistão (norte) e o Uzbequistão (sul), na região mais seca da Ásia, composta por terras áridas, semiáridas e carentes de irrigação. Há indícios de processos de irrigação utilizados há mais de 2 mil anos, sempre de forma sustentável.

Em 1960, o lago estava em seu auge e ocupava uma área de 68 mil km², que o mantinha como quarto maior lago do mundo, com uma área equivalente a duas vezes à Holanda. Por séculos, foi um oásis no meio do deserto, mas passou a simbolizar uma das maiores catástrofes ambientais provocadas pelo ser humano no século XX. Seguramente, a pior gestão humana sobre um recurso hídrico, um completo desastre, que evoluiu de forma lenta, progressiva e silenciosa. A sequência de imagens da Figura 2 mostra as mudanças contrastantes que o Aral sofreu em três décadas.

Em toda a bacia do Aral, existem mais de 5 mil lagos, a maior parte na região dos rios Amu Daria e Syr Daria. A sentença de morte da bacia foi decretada em 1960, quando o então governo soviético desviou dois rios que a alimentavam para irrigar plantios de

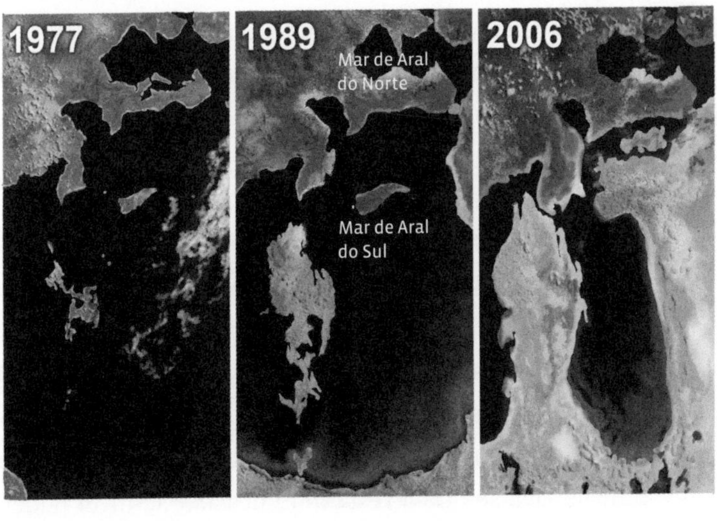

Figura 2 Encolhimento do mar de Aral em 30 anos.

Ilustrada por Caio Cacau, adaptada de http://sauer-thompson.com/conversations/archives/2009/07/aral-sea.html.

algodão e arroz. O governo soviético entendeu ser necessário aumentar a produção agrícola, para suprir a falta de alimentos das populações locais, e para abrir fronteiras externas com a produção em larga escala de algodão. Os projetistas de Moscou inauguraram o Projeto do Mar de Aral, um ambicioso programa econômico que visava à conversão de terrenos baldios no cinturão do algodão da União Soviética. Para viabilizar esse projeto faraônico, foram construídos numerosos canais e barragens de forma açodada e implantados processos intensivos de irrigação, com aplicação extensa de agrotóxicos.

O mar de Aral e seus afluentes pareciam ser fonte inesgotável de água. Abriram-se diversos canais de grande extensão para espalhar as águas por todo o solo desértico. A área irrigada aumentou a superfície do deserto; metade das terras produzindo algodão, e a outra metade, arroz, trigo, milho, frutas, legumes e forragens para o gado. A agricultura de regadio foi um sucesso brilhante, e a bacia tornou-se o principal fornecedor do país de produtos frescos da União Soviética. A produção de algodão triplicou entre 1960 e 2000, e o Cazaquistão tornou-se o terceiro maior produtor de algodão do mundo.

O processo de destruição do mar de Aral

A destruição do mar de Aral iniciou-se quando a água foi desviada por meio de canais principais e secundários escavados na areia, sem ligações tubulares, sem cimentação e sem drenagem do solo adequadas. Utilizavam-se somente 10% da água absorvida para a colheita, e o restante rapidamente se evaporava por entre o solo arenoso. Imaginava-se que a resultante descida de nível poderia ser remediada com projetos ambiciosos de desvio de rios ao norte.

Esses desvios dos rios nunca se concretizaram, e o lago continuou a secar, ano após ano. Entre 1961 e 1970, baixou 20 cm ao ano e, a partir de 1970, baixou 70 cm ao ano. Essa contínua redução fez surgir, em meados da década de 1980, grandes bancos de areia, verdadeiros cemitérios de barcos encalhados, que causaram a separação do lago em dois: Aral do Norte (menor) e Aral do Sul (maior) (ver Figura 2). Em 1998, foi rebaixado de quarto para oitavo maior lago do mundo. Para unir os lagos novamente, construiu-se, em 1999, um canal, mas que não proporcionou resultados positivos face à contínua queda do nível das águas.

Os agrotóxicos poluíram 15% das águas, também castigadas pelos efeitos das barragens de 45 usinas hidrelétricas. A floresta que cercava suas margens foi reduzida em mais de 85%. O vento constante arrastava o pó salgado que ficava incrustado no leito do lago e o levava para os campos, em distâncias superiores a 300 km.

Com a erosão e a retirada exagerada de água por meio de inúmeros desvios de cursos de rios que desembocavam no lago, o mar de Aral ficou com teor de salinidade média em torno de 35%, no qual espécies de água doce praticamente não sobrevivem. O sal e os pesticidas agrícolas se infiltraram no solo e contaminaram lençóis freáticos, tornando impossível a lavoura, matando espécies aquáticas. Por consequência, a indústria pesqueira que sustentava a economia local foi à bancarrota.

No auge da atividade, eram 60 mil pescadores comercializando 40 mil toneladas de peixe ao ano. Depois, esses antigos pescadores passaram a viver da criação de camelos, vendendo leite e lã do animal. Antes, havia 178 espécies de animais na região, agora são apenas 38, em virtude da grande quantidade de sal nas águas do Aral. E ainda, a salinidade atingiu 35 g/L (há 40 anos, eram 10 g/L), tornando-se desfavorável ao povoamento por peixes.

A maioria dos 58 milhões de habitantes da região da bacia vertente do mar de Aral passou a ter cada vez mais problemas de saúde, em virtude da combinação de poeira tóxica, sal e água contaminada. Os sais e outros detritos químicos tóxicos expelidos pelos escombros nas águas minguantes, ao longo de décadas, afetaram gravemente a saúde de dezenas de milhares de moradores, tanto quanto ou mais do que a falta de água.

Aproximadamente 80% das mulheres grávidas sofreram de anemia. Os índices de câncer de esôfago, tuberculose, problemas oculares, febre tifoide, hepatite, distúrbios respiratórios, mortalidade infantil e malformações dispararam no entorno do mar de Aral.

No passado, o mar de Aral era considerado um regulador, que mitigava os ventos provenientes da Sibéria no inverno e evitava que as temperaturas de verão aumentassem demasiadamente. A ocorrência frequente de longas tempestades de poeiras e de ventos rasteiros são traços característicos dessa região. As mais intensas ocorrem na costa oeste, com cerca de 50 tempestades por ano.

Até 1960, a evaporação elevada, da ordem de 1,7 mil mL/ano, em muito propiciava o clima equilibrado ao redor de Aral e, apesar do alto nível de evaporação, o equilíbrio da água era mantido por causa dos grandes caudais fornecidos pelos dois rios. A partir de então, o nível de evaporação do lago diminuía a cada ano e provocava alterações climáticas, que foram, paulatinamente, maléficas em diversos aspectos. Deram origem a verões mais curtos e mais secos, e a invernos mais longos e mais frios na região. As temperaturas no inverno desciam e as de verão subiam em média 2°C a 3°C. Todas as mudanças ocasionavam poucas precipitações para a colheita seguinte.

O resultado desses projetos foi catastrófico e a irrigação, que fez florescer a agricultura no deserto e movimentou a economia local, pôs em marcha uma desastrosa cadeia de acontecimentos negativos, à medida que baixavam os níveis de água. A partir de meados dos anos 1980, em plena *glasnost* (abertura), a situação do Aral ganhou atenção junto a muitos observadores estrangeiros, como símbolo de calamidade ambiental.

Na década de 1960, o Aral era o quarto maior lago do mundo, como já dito; em 1990, havia diminuído para um décimo de seu volume original e se dividido em três porções menores. Atualmente, parece um conjunto de charcos com elevado teor de salinidade e avançado processo de desertificação.

Tentativas de salvar o Aral

Em 1988, o então secretário-geral do Partido Comunista, Mikhail Gorbachev, deu um basta nesses devaneios e, por meio do Comitê Central, estabeleceu que o plantio de algodão deveria ser reduzido, de forma a permitir que o Aral voltasse a receber água em quantidades cada vez maiores até 2005.

Desde 1999, a ONU e o Banco Mundial gastaram cerca de US$ 600 milhões para purificar a água potável e modernizar os sistemas de irrigação e drenagem, o que melhorou a eficiência de irrigação e enxaguou o sal das terras de cultivo. Além disso, áreas úmidas e lagos artificiais foram construídos para ajudar a restaurar viveiros de peixe, animais selvagens e vegetação aquática.

Em 2001, o eterno presidente do Cazaquistão, Nursultan Nazarbayev, lançou um programa de resgate ao mar de Aral do Norte, a porção do lago menor e menos poluída que a porção sul, também com a ajuda financeira do Banco Mundial. Construiu-se a barragem de Kokaral, com 13 km de extensão. O projeto de US$ 86 milhões, que ficou pronto em 2005, tinha como objetivo elevar o nível da água do norte do mar de Aral pelo represamento do seu fluxo para a parte sul do mar, drasticamente diminuída. Duas tentativas anteriores, uma em 1992, outra em 1998, haviam fracassado por ausência de recursos e emprego de técnicas inapropriadas.

Entre 2003 e 2008, segundo autoridades cazaques, houve aumento de 30% da superfície do mar de Aral do Norte, passando de 2,55 mil para 3,3 mil km². A profundidade também saltou de 30 para 42 m, mas seria impossível atingir os 53 m dos anos 1960.

De uma única espécie de peixe sobrevivente encontrada nos períodos mais críticos, agora há pelo menos outras 14, o que motivou um tímido, mas significativo, retorno de aproximadamente 100 pescadores ao local. Pássaros e outros animais voltaram a frequentar o ecossistema, que se tornou menos inóspito.

Os cinco países que cercam o lago, e possuem dois rios que o abastecem, trabalharam para melhorar a eficiência da irrigação e substituir parcialmente culturas como de arroz e algodão, que exigem muita água, por culturas que exigem menos água. Como resultado, o volume total anual de água na bacia do mar de Aral estabilizou-se. Entretanto, especialistas preveem que a maior parte, ao sul, continuará a encolher.

Com o projeto de resgate da parte norte dando certo, resta agora tentar salvar a parte sul, praticamente seca. O principal empecilho é que haja acúmulo de forças não apenas entre Cazaquistão e Uzbequistão, mas também de outros três países da Ásia Central, ex-integrantes da União Soviética que, de alguma forma, deveriam estar envolvidos: Quirguistão, Turcomenistão e Tadjiquistão.

Nenhuma solução escapa de um enorme investimento financeiro, estimado em vultosos US$ 300 bilhões. No entanto, a maior dificuldade é promover a cooperação entre os cinco países envolvidos, com os seus conflitantes interesses econômicos. Já haviam feito um acordo em 1992, que não evoluiu, pois, entre outros pontos de discórdia, há várias disputas étnicas na região. Desde o fim da União Soviética, os direitos do uso da água já opuseram usbeques e quirguizes, turcomenos e usbeques, e quirguizes e tadjiques.

As decisões tomadas, ou a ausência delas, indicam que o Aral continuará a encolher na sua parte sul. Já na parte norte, aparentemente, o governo do Cazaquistão está empenhado em manter sua fração do lago.

De qualquer forma, o que resta é um retrato melancólico do poder de destruição que a humanidade pode exercer sobre a natureza, ainda que reste uma ponta de esperança na engenhosidade e no bom-senso humano capaz de corrigir essa calamidade de forma sustentável. Ou seja, que o gasto de água seja sempre menor que a capacidade natural de reposição daquele ecossistema.

Coreia do Sul e Brasil, diferentes até nas águas

Na década de 1960, a Coreia do Sul e o Brasil eram nações pobres que faziam parte de uma casta de países designados subdesenvolvidos, com índices socioeconômicos muito ruins e taxas de analfabetismo por volta de 35%. Na época, há cerca de 50 anos, a renda *per capita* coreana equivalia à do paupérrimo país africano Sudão, por volta de US$ 900 por ano, enquanto a do Brasil era de US$ 1,8 mil.

A Coreia do Sul amargava o trauma de uma guerra civil com a Coreia do Norte, que deixou cerca de 1 milhão de mortos e sua economia em ruínas. Passados mais de 50 anos, os coreanos exibem uma economia exuberante, que triplica a cada década. A renda *per capita* cresceu 35 vezes desde os anos 1960, e a população atingiu um patamar de bem-estar social e qualidade de vida invejáveis. Os sul-coreanos praticamente erradicaram o analfabetismo e colocaram 82% dos jovens em universidades. Já no Brasil, cerca de 13% de sua população é semianalfabeta e apenas 8,7% dos estudantes estão em cursos de ensino superior. A renda *per capita* brasileira é hoje um terço da sul-coreana. O Brasil ficou literalmente para trás e “come poeira” dos eficientes sul-coreanos.

A Coreia do Sul planejou e executou investimentos ininterruptos e maciços na educação, principalmente nas escolas públicas de ensino fundamental e médio, com carga horária de mais de 40 horas semanais; enquanto o Brasil investiu parcos recursos em universidades. Os sul-coreanos investiram também pesadamente em desenvolvimento tecnológico. Mais de 66% dos gastos com pesquisas são financiados pelo setor privado, com incentivos fiscais. Atualmente, a indústria sul-coreana é de ponta e disputa em igualdade de condições os cobiçados mercados de veículos e aparelhos de áudio e vídeo com empresas líderes no mundo. O Brasil assiste a esse espetáculo de meio século e paga "a conta".

No planeta, o aumento da população urbana e das indústrias, a falta de tratamento de esgoto e o crescimento acelerado e desordenado das grandes cidades contribuíram para a degradação de cursos d'água. Os 500 maiores rios do mundo enfrentam hoje problemas de poluição, mas várias cidades conseguiram transformar seus cursos d'água, até então mortos, em paisagens deslumbrantes. Isso ocorreu com o rio Sena em Paris, França; com o rio Tâmisa em Londres, Inglaterra; com o rio Tejo em Lisboa, Portugal; com o rio Reno, que nasce nos Alpes Suíços e banha 6 países europeus; com o rio Cuyahoga em Cleveland, EUA; e com os canais que banham Copenhague, Dinamarca. A inventividade humana por vezes proporciona agradáveis surpresas, e duas delas vieram exatamente da Coreia do Sul, em Seul, capital do país, mais especificamente nos cursos d'água Cheonggyecheon e Han.

O córrego Cheonggyecheon

Seul é uma cidade onde as tradições milenares convivem com a modernidade. Possui mais de 10 milhões de habitantes, que, em sua maioria, se fixaram próximo a cursos d'água. Impulsionada pelo pujante crescimento econômico, a cidade começou a se expandir para atender à demanda do crescente número de veículos e habitantes, sem preocupações com a preservação de seus cursos d'água.

Um desses cursos é o córrego Cheonggyecheon, construído durante a Dinastia Joseon (1392-1410) para funcionar como um dreno para a capital coreana. Recebe água por bombeamento do rio Han, tem pouco mais de 5 km de extensão e atravessa o centro de Seul.

Em meados da década de 1970, o antigo canal se tornou praticamente um esgoto a céu aberto e foi gradualmente coberto por concreto. Cerca 6 km de vias elevadas foram construídas sobre o córrego, que acabou soterrado. Na época, essa obra foi considerada um exemplo de sucesso da industrialização, mas com o tempo se tornou um símbolo de degradação da cidade.

No início das obras de recuperação, nem todos eram favoráveis à medida e foram necessárias muitas explicações para convencer a população. Começou com a questão do custo de restaurar ou demolir uma via elevada, e evoluiu para uma questão de valor simbólico: resgatar o antigo rio para a cidade. A ideia revolucionária de mudar aquele cenário começou em 1999, quando a Câmara Municipal de Seul precisou fechar uma das três "artérias" principais da cidade. O fechamento da via expressa fez cair substancialmente o volume de veículos em circulação.

Iniciou-se um processo de alternativas em mobilidade urbana. Ampliou-se a malha de transporte público e restringiu-se o fluxo dos veículos pelo centro da cidade. Como resultado, houve aumento do número de usuários que optaram por novos sistemas de transporte e por mudanças de hábitos de viagem.

Em 2003, urbanistas decidiram derrubar a autoestrada denominada Cheonggye Expressway para revitalizar o entorno do córrego e tornar Seul uma cidade moderna e ecologicamente correta, como parte de um vasto projeto de revitalização urbana.

O projeto de restauração do córrego Cheonggyecheon levou em torno de três anos e custou por volta de US$ 370 milhões, transformando o afluente em um espaço urbano ambientalmente sustentável. A via foi removida e o córrego foi recuperado e transformado em um impressionante parque urbano linear de 5,8 km de extensão, 400 hectares (ha) e 80 metros (m) de largura.

No trabalho de revitalização, mais de 75% do material da demolição da antiga via foi reutilizado na construção do parque e na reabilitação do córrego. Pistas foram serradas, e o concreto e o ferro, reaproveitados em outras construções públicas. O que era antes uma barreira soterrada entre o norte e o sul da cidade se transformou em um parque público, que recebe mais de 30 mil pessoas aos finais de semana.

Peixes, pássaros e insetos voltaram a povoar o local. A temperatura em Seul, em virtude das melhorias no meio ambiente proporcionada pelo novo Cheonggyecheon, diminuiu 3,6°C, indo de 36,3°C para 32,7°C.

Três dos pilares de sustentação da antiga via expressa foram deixados no local como um símbolo da industrialização do país. A mensagem implícita para as futuras gerações é clara: a importância histórica dessa restauração. No extremo leste do rio, está localizado o Museu Cheonggyecheon, inaugurado em 2005, que oferece aos visitantes um olhar sobre a história e a cultura do córrego.

O processo de ressurgimento do córrego fez parte de um projeto maior de revitalização urbana para uma cidade sustentável. Segundo representantes da Organização para Cooperação e Desenvolvimento Econômico (OCDE), órgão que representa os países mais ricos do globo, criou-se uma imagem extremamente positiva da Coreia do Sul, que contribuiu para a promoção do país no mercado internacional e para atrair capital estrangeiro.

Atualmente, a capital sul-coreana tem orgulho da recuperação do córrego Cheonggyecheon. Com a sua despoluição e a demolição de vias elevadas, a cidade ganhou uma nova e bela área de convívio e lazer, um exemplo de obra sustentável.

O rio Han

Em recuperação ambiental, outro projeto de sucesso da Coreia do Sul envolve seu principal rio, o Han, um gigante que percorre todo o país, corta Seul e deságua no mar Amarelo. Tem 514 km de extensão, em que 320 são navegáveis. Na parte das montanhas, barra-se a força de suas águas para evitar enchentes e para gerar energia hidrelétrica, sendo esta a única fonte de abastecimento elétrico de Seul.

Na década de 1970, o Han se tornou sinônimo de esgoto e era tão poluído quanto o rio Tietê o é na região metropolitana de São Paulo. Atualmente, não é mais. Após 20 anos de gestão eficaz de suas águas e entorno, os 40 córregos que cortam a cidade deságuam no Han e têm a água monitorada constantemente por estações de tratamento.

O rio ainda não está completamente limpo, mas o poder municipal frequentemente reintroduz peixes e aves que costumavam habitar o local até os anos 1960. Nos anos 1980, quando começou a despoluição, fábricas começaram a abandonar Seul, e as que ficaram recebiam multas pesadas se lançassem dejetos no rio.

Na década de 1990, a prefeitura recuperou todo o sistema de saneamento de conjuntos habitacionais que lançavam emissões clandestinas no rio. Nos últimos anos, grupos de ambientalistas e até o exército têm feito limpezas periódicas. Um sistema informatizado rastreia a qualidade da água para ver de onde chega a poluição, a fim de a combater na origem.

O rio também está livre do esgoto doméstico. Seis estações garantem o tratamento, e é proibida a instalação, ao longo do rio, de empresas que possam poluir a água. Para aproximar ainda mais os moradores ribeirinhos, as margens estão sendo transformadas em parques. Uma parte ambiciosa do projeto prevê acabar com os carros nas marginais do Han, por meio da construção de pistas subterrâneas para veículos.

Até 2010, suas margens ganharam 33 obras, dentre elas, seis parques, bem como mirantes, ciclovias e quadras de esportes; um investimento de US$ 530 milhões. O planejamento da prefeitura vai até 2030, quando os 40 km do rio que cruzam a capital estarão repletos de verde.

O projeto prevê túneis em trechos das marginais, para alargar os parques e levar *shows* e esportes aquáticos à região. Um grande centro empresarial, com gigantescos arranha-céus, será instalado em uma das margens e ocupará o espaço da atual base norte-americana, de mudança para o sul da cidade. Não há dúvidas de que esse projeto será executado com êxito, pois os coreanos sabem fazer e o fazem bem-feito.

Rios Tietê e Pinheiros

Cheonggyecheon e Han na Coreia do Sul; Pinheiros e Tietê no Brasil: histórias parecidas, enredos diferentes. Canais que cortam duas grandes metrópoles, Seul e São Paulo; rios extremamente poluídos, símbolos de tempos de desrespeito à natureza, de degradação das cidades e do desenvolvimento a qualquer custo. Receberam milhões de dólares do poder público e privado para serem revitalizados.

Mas há uma enorme diferença: além dos milhares de quilômetros que separam esses cursos d'água, os canais coreanos foram quase totalmente revitalizados em poucos anos e hoje têm cascatas, praças, fontes, peixes e o mundo passou a admirá-los. Exemplificam como uma cidade pode mudar os seus padrões de crescimento, restaurar importantes canais urbanos ao seu papel natural e gerar interessantes espaços públicos para lazer e contemplação da população. No Brasil, o rio Tietê e o rio Pinheiros, que juntos têm 50 km de extensão dentro da cidade de São Paulo, são exemplos opostos aos canais coreanos.

O rio Tietê e seus afluentes formam a bacia hidrográfica mais populosa, mais rica e mais poluída do Brasil, que abrange 323 municípios. Às suas margens ou perto delas, moram 30 milhões de pessoas, a maior população ribeirinha do país. A cada R$ 4 do PIB brasileiro em 2010, R$ 1 saiu do entorno do rio e de seus tributários. O rio que corre 1.136 km para o interior do Estado de São Paulo, passando por 73 municípios paulistas, foi determinante na fundação da maior cidade do hemisfério sul e na ocupação do território ao seu redor, mas pagou caro pelo desenvolvimento econômico e demográfico no seu entorno.

A qualidade das águas cristalinas do Tietê na nascente do rio em Salesópolis é apenas boa em Biritiba-Mirim, razoável em Mogi das Cruzes e ruim em Itaquaquecetuba. Na confluência com o rio Aricanduva, já na cidade de São Paulo, é péssima, qualificação de um rio morto, e segue assim por mais 200 km até o desemboque do Sorocaba, em Laranjal Paulista. Em seguida, vêm mais 130 km de água ruim. Ela só volta a ficar boa em Barra Bonita. Nos últimos 30 km antes de chegar à foz, no rio Paraná, as águas do Tietê voltam a ter a mesma excelência dos primeiros 40 km de seu curso.

Há décadas, os cursos d'água brasileiros aguardam por cuidados. O estrago do rio Tietê, o mais importante do Estado de São Paulo, começou na década de 1920, quando foram iniciadas as obras para fazer pistas ao seu redor. A mancha de poluição do rio alcança cerca de 100 km de São Paulo a jusante, e diminui de forma lenta.

O maior obstáculo para qualquer tentativa de despoluir os rios Tietê e Pinheiros é a pequena vazão média. A do Tietê é de 19,9 m^3/s. A do Pinheiros, de 10 m^3/s, cinco vezes mais fraca que a do rio Tâmisa, em Londres. Para resolver a fraca vazão, estuda-se a instalação de um sistema de bombeamento que irá transportar água da represa Billings para encher o Tietê na sua junção com o rio Tamanduateí, na entrada de São Paulo nos meses secos, e devolver o volume excedente ao corpo hídrico nas épocas de cheias. Além de pouco caudalosos, eles pertencem a uma pequena bacia hidrográfica, com enormes dificuldades para diluir a poluição que recebe. Com 5 milhões de km^2, a bacia hidrográfica paulista é diminuta se comparada à bacia do Sena, em Paris, um exemplo de rio urbano recuperado, que tem 70 milhões de km^2.

Atualmente, está em curso a maior obra de despoluição de rios do Brasil, o Projeto Tietê. Planejado para execução em 4 fases, o projeto foi iniciado em 1992 pelo governo paulista e capitaneado pela Companhia de Saneamento Básico do Estado de São Paulo (Sabesp), após um abaixo-assinado com 1,2 milhão de assinaturas. O projeto entrou em sua terceira fase em 2011 e é desenvolvido por um grupo de trabalho compatível com o escopo do projeto: representantes de oito órgãos estaduais e de 34 municípios por onde correm os rios e córregos que deságuam no Tietê e correm próximos a ele.

A participação ativa de prefeitos do entorno da Grande São Paulo aumenta as chances de o projeto ser bem-sucedido, visto ser impraticável despoluir apenas os dois rios: é preciso limpar toda a bacia hidrográfica, o que só pode ser feito em conjunto com os municípios, responsáveis pelo uso e pela ocupação do solo, segundo a Constituição Federal do Brasil de 1988.

Os recursos são de financiamentos do Banco Interamericano de Desenvolvimento (BID), do Banco Nacional de Desenvolvimento Econômico e Social (BNDES), da Sabesp e do governo paulista, e serão utilizados na ampliação da coleta, do transporte e do tratamento de esgoto de 28 cidades da Grande São Paulo. O processo também vai ajudar a despoluir córregos como o Tamanduateí e até mesmo o rio Pinheiros. O índice de coleta de esgoto no fim da terceira etapa chegará a 87% até 2015. No mesmo período, o tratamento vai atingir 84% e a previsão de 100% antes de 2020 e, até 2025, o restabelecimento completo de flora e fauna no entorno do rio. Esse programa de despoluição do rio Tietê, desde sua implementação em 1992, já custou US$ 1,5 bilhão aos cofres públicos. E a previsão é gastar mais US$ 2 bilhões até o completo saneamento do rio.

O rio Pinheiros nasce do encontro dos rios Guarapiranga e Grande e deságua no rio Tietê. Possui 25 km de extensão. Suas águas sórdidas deságuam lentamente no rio Tietê, por conta da vazão reduzida a apenas 10 mil L/s, em decorrência da presença de barragens e do assoreamento. A despoluição do rio é complexa, lenta e onerosa, pois em um corpo d'água corrente, a natureza oxigena o rio, degradando a matéria orgânica.

Cerca de 3 milhões de pessoas moram em torno da bacia do rio Pinheiros, formada por diversos córregos e ribeirões, em sua maioria canalizados, que são alvo de 290 indústrias e dejetos de 400 mil famílias, oriundos das cidades de Taboão da Serra, Embu das Artes e São Paulo. É enquadrado na classe 4, que significa que a água é totalmente poluída e só pode ser destinada à navegação e à harmonia paisagística. Mesmo com 82% dos esgotos tratados, a decomposição dos dejetos domésticos leva à formação de gás sulfídrico, principal responsável pelo mau cheiro do rio, que causa dor de cabeça, náuseas e tonturas a quem convive no local.

No início de 2001, o governo do Estado de São Paulo anunciou um projeto de despoluição do Pinheiros, baseado na técnica de flotação. Consiste em reunir a sujeira em flocos e levá-la para a superfície do rio e assim permitir que a água do rio seja bombeada para a represa Billings, o maior reservatório da Grande São Paulo. Esse processo envolve o tratamento das águas dos últimos 5 km do Pinheiros, pelo bombeamento de 10 m^3/s para o reservatório Billings.

Após 10 anos e cerca de US$ 100 milhões gastos, em setembro de 2011, o Governo do Estado desistiu do plano de limpeza baseado nessa técnica, que entre outros problemas, não barrava o nitrogênio amoniacal, um indicador de esgoto na água, e gerava grande volume de lodo. Isso significa: mais um erro de avaliação e de projeto, mais tempo de espera da natureza agredida.

Tietê e Pinheiros vêm sendo usados como lixeira há mais de 100 anos, tornando-se portadores de água fétida, totalmente escura e sem vida. O descaso com a natureza compromete a qualidade hídrica e a sobrevivência da flora; as margens perdem muito das matas ciliares e a vegetação natural está se extinguindo.

O principal problema dos rios Tietê e Pinheiros não é a poluição difusa, proveniente dos dejetos levados ao leito pela chuva, uma responsabilidade do poder municipal. São os resíduos da insuficiente sanitarização das ruas e os efluentes provenientes do esgoto doméstico e industrial, cuja coleta, na maioria das cidades da Grande São Paulo, caberia à Sabesp, empresa mista que tem como principal acionista o governo estadual.

São despejados nos rios e córregos da capital cerca de 39 mil litros de esgoto *in natura* por segundo, e só do rio Tietê são retirados, todo dia, 100 toneladas de lixo. Quando o Tietê atravessa os municípios da Grande São Paulo, também recebe muito lixo e uma infinidade de esgotos industriais. A Sabesp estima que o Tietê estará totalmente despoluído somente em 2025; inaceitável.

Diferentemente do Brasil, a Coreia do Sul apresenta uma postura de país de primeiro mundo não só na área educacional e tecnológica, mas também no respeito à preservação de seus recursos naturais. Passados 50 anos, os sul-coreanos enriqueceram, e os brasileiros ficaram para trás. As lições de sucesso estão disponíveis e escancaram um Brasil atrasado, que dorme em berço esplêndido. O gigante tem de acordar e seguir o exemplo de quem enxerga longe, para voltar a ter cartões postais do Tietê e do Pinheiros como há 50 anos.

A disputa pelo ouro azul

A Terra abriga 263 fluxos d'água, que atravessam territórios de 145 países. Correspondem a 60% do volume total de água doce disponível no planeta e abastecem 40% da população mundial. Dezenove rios atravessam mais de cinco nações fronteiriças, e projetos de represas são a principal causa de conflitos entre os países que se encontram no curso desses rios. Essas bacias hidrográficas cobrem 45% da superfície terrestre do planeta, abrigam cerca de 40% da população mundial e são responsáveis por, aproximadamente, 60% dos rios do planeta.

Os reservatórios artificiais construídos por todo o mundo são capazes de suprir as necessidades humanas por cerca de dois anos, sendo que há crise iminente de água em mais de 30 países. A água não respeita divisas, escorre sua imponência por cidades, Estados, países, e é um recurso a ser compartilhado.

Água é poder. Lao-Tsé, um importante filósofo da China antiga e autor do livro *Tao Te Ching*, a obra basilar da filosofia taoísta, dizia: "(...) neste mundo, nada é mais maleável e frágil quanto a água, contudo, ninguém, por mais poderoso que seja, resiste à sua ação".

A disputa pelo ouro azul pode provocar significativos conflitos internacionais e se equiparar à corrida pelo petróleo no século XX. A distribuição geográfica desproporcional do recurso, o crescimento populacional, a urbanização, a melhoria dos padrões de consumo e as mudanças climáticas que causam o aquecimento global só tendem a acirrar as disputas por um produto cada vez mais escasso.

As mudanças climáticas impactarão em cada estágio do ciclo hidrológico e colocarão em risco a vida no globo. A escassez de água irá se expandir, eventos extremos como enchentes e estiagem serão potencializados, o nível do mar e as temperaturas irão subir lenta e progressivamente, e a recarga de água subterrânea, os regimes de chuva e a vazão fluvial serão profundamente modificados.

Mas o maior desafio que envolve a água não está ainda diretamente ligado às mudanças climáticas, mas, sim, ao vultoso desperdício, à distribuição desigual das bacias hidrográficas e ao crescente contingente humano consumidor e poluidor. Nas Tabelas 1 e 2, são listados os países com mais e com menos quantidade de água em relação à sua população.

Apesar de inúmeras ações de uso mais racional de água, o desperdício é assustador. No Brasil, as perdas são de 40% entre o que se produz e o que se cobra, motivadas, principalmente, por ligações clandestinas e vazamentos em tubulações. O Brasil também não possui normas de construção que permitam às casas e aos edifícios economizarem água, nem campanhas educativas que premiem a redução de consumo. No mundo, esse índice de perdas aproxima-se de 15%. Na Alemanha, país que melhor gerencia seus recursos hídricos, as perdas médias são de 8%. Na Suíça, o índice é de 9%, o qual se aproxima à taxa natural admissível. No Japão, as perdas são de 6%. Na França, que abriga as maiores empresas multinacionais privadas de distribuição de água, a média das perdas é de 25 a 35%.

Grande parte dos países, principalmente os ricos, usa a água de forma perdulária, a exemplo do que se faz com a energia. Nesse ciclo vicioso, esgotam-se estoques, procura-se por novas fontes e pouco se investe em sistemas preventivos de captação, de reutilização e reciclagem e de cuidados com a contaminação.

Escassez de água pode transformar o que atualmente é uma competição pacífica em conflitos beligerantes. O secretário-geral das Nações Unidas, Ban Ki-Moon, afirmou, em 2007, no Conselho

Tabela 1 Disponibilidade de água nos continentes e sua população

CONTINENTES	DISPONIBILIDADE DE ÁGUA (%)	POPULAÇÃO (%)
África	11	13
Américas do Norte e Central	15	8
América do Sul	26	6
Ásia	35	60
Austrália e Oceania	5	1
Europa	8	12

Fonte: Unesco, 2004.

Tabela 2 Países com maior e menor disponibilidade de água

PAÍSES COM MAIS ÁGUA (M^3/HABITANTE)	
1º Guiana Francesa	812
2º Islândia	609
3º Suriname	292
4º Congo	275
25º Brasil	48
PAÍSES COM MENOS ÁGUA (M^3/HABITANTE)	
Kuwait	10
Faixa de Gaza (território palestino)	52
Emirados Árabes Unidos	58
Ilha Bahamas	66

Fonte: Unesco, 2004.

de Segurança da ONU, que enchentes e secas provocam migrações em massa, polarizam sociedades e enfraquecem a capacidade de países resolverem pacificamente os conflitos.

No entanto, ao perpassar os olhos pela história, percebe-se que muitos conflitos internacionais pela água foram resolvidos com tratados, não com mísseis. A água é um item importante demais para que nações arrisquem uma disputa por seu suprimento, pois, sem água, a espécie humana seria extinta em questão de dias.

Um importante aspecto ligado à política internacional que regulamenta o uso de áreas úmidas refere-se à Convenção de Ramsar, firmada por um grande número de países naquela cidade do Irã, em 1971, com o objetivo inicial de proteger as áreas úmidas de importância internacional. O Brasil firmou essa convenção em 1993 e passou a se responsabilizar por fazer levantamentos de suas áreas úmidas. Essas áreas, que têm como limite a linha máxima das enchentes, devem ser estudadas detalhadamente para seu correto manejo e proteção.

Na Convenção de Ramsar, foram definidos como áreas úmidas: pântanos, charcos, turfas e corpos d'água, naturais ou artificiais, permanentes ou temporários, com água estagnada ou corrente, doce, salobra ou salgada, incluindo estuários, planícies costeiras inundáveis, ilhas e áreas marinhas costeiras, entre outros. Nesse conjunto de áreas úmidas, são encontrados alguns dos ambientes mais produtivos e de maior biodiversidade do planeta.

As águas do Brasil

Na maior parte dos países, a posse da água é do Estado. No Brasil, de acordo com a Constituição Federal do Brasil de 1988 (Título III, Capítulo II – Da União, art. 20, item III), são bens da União

> lagos, rios e quaisquer correntes de água em terrenos de seu domínio, ou que banhem mais de um estado, sirvam de limites com outros países, ou se estendam a território estrangeiro ou dele provenham, bem como os terrenos marginais e as praias fluviais.

Em análise correlata, o texto do Código Florestal de 1965, em seu art. 2º, modificado pela Lei nº 7.803, de 18 de julho de 1989, dispõe

> consideram-se de preservação permanente, pelo só efeito desta Lei, as florestas e demais formas de vegetação natural, situadas: a) ao longo dos rios ou de qualquer curso d'água desde o seu nível mais alto.

Do ponto de vista ecológico, de preservação da biodiversidade e integridade dos ambientes de cursos d'água, o nível baixo não pode ser utilizado, nem tampouco o nível regular, mas, sim, o nível mais alto de expansão das cheias.

Com cerca de 3% da população mundial, o Brasil possui 12% do total de água doce superficial da Terra, o dobro da chinesa e duas vezes e meia a norte-americana, um privilégio. Mas como ocorre em todo o mundo, sua distribuição também é desigual.

Com apenas 7% da população brasileira, a Amazônia possui 78% dessa água superficial, um excedente hídrico que atrai a cobiça global. O Sudeste, que representa 50% da riqueza brasileira, fica com apenas 6%, um grande déficit para quem irriga quase metade da produção agrícola brasileira, setor, aliás, que abocanha, aproximadamente, 70% de todo o consumo nacional de água. Uma visão ampla do país pode demonstrar os caminhos e os desafios do uso da água. O mapa da Figura 3 apresenta as demandas e as dificuldades que o Brasil tem em relação ao uso e à conservação da água.

Novas plantas de construção de usinas estão sendo projetadas para a região da Amazônia, o maior "oceano" tropical de árvores do mundo. A copa de uma árvore com 10 metros de altura lança na atmosfera 300 litros de água em um dia. O processo pelo qual a água das árvores passa da superfície terrestre para a atmosfera no estado de vapor denomina-se evapotranspiração. Os 5,5 milhões de km^2 da

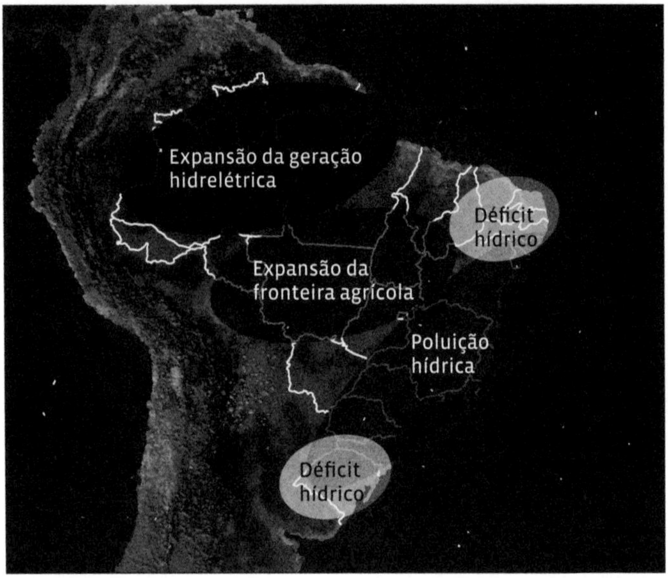

Figura 3 Desafios regionais para a água e o desenvolvimento sustentável no Brasil.

Ilustrada por Caio Cacau, adaptada de Varella Neto, 2011.

floresta amazônica funcionam como uma bomba d'água e injetam 20 trilhões de litros na atmosfera por dia, criando um oceano de nuvens e umidade, as denominadas zonas de convergência. Assim funciona o maior "pulmão" brasileiro, gerando uma gigantesca bacia de vapor d'água que alimenta o mágico ciclo das águas.

Apesar de rico em cursos d'água, o Brasil não cuida nada bem desse seu patrimônio ímpar. Cerca de 45% da população está conectada à rede de esgoto, e, do total de esgoto coletado, apenas 38% é tratado.

Um exemplo de desigualdade social mais gritante vem de Macapá, capital do Amapá, com 407 mil habitantes, a única capital estadual que não possui interligação por rodovia a outras capitais do país. Apenas 3% da cidade é servida por rede de coleta de esgoto, 17% da população está em região de ressaca do rio Amazonas e o restante com fossas sanitárias, em muitos casos cavadas ao lado de poços d'água. Aproximadamente 60% das habitações não têm água encanada – cenário caótico que provoca enfermidades constantes, como verminoses, dor de barriga e doenças de pele, principalmente em crianças.

Grande quantidade de material orgânico é lançada em rios e no mar. O reflexo está explicitado em estudo da SOS Mata Atlântica, que avaliou a qualidade da água baseada em padrões do Conselho Nacional do Meio Ambiente (Conama). O estudo ocorreu entre janeiro de 2011 e março de 2012 em 11 estados e 49 rios, córregos, ribeirões, represas, lagos e açudes. Nenhum deles recebeu a classificação de bom ou ótimo; 75% foram classificados como regular; e 25% como ruim.

Por quem os sinos d'água dobram

A distribuição da água no mundo é muito desigual e grande parte das bacias hidrográficas encontra-se em regiões carentes do produto. Essas áreas devem receber auxílio das nações mais ricas e de fundos internacionais para desenvolver tecnologias que permitam captação, armazenamento e preservação da água e de seus mananciais.

O problema é que instituições como o Banco Mundial, que possui programas nessa área, não possuem *expertise* para administrar programas retalhados e com aportes pequenos, típicos dessa atividade. A urbanização irregular, o desperdício, os rios cada vez mais sujos e os sistemas de abastecimento cada vez mais precários são os principais motivos da escassez de água. Até 2030, estima-se que a população mundial alcance 8,3 bilhões de habitantes, dos quais 60% viverão em áreas urbanas. A demanda por água só tende a aumentar, e a busca pelo recurso direciona-se para mananciais cada vez mais distantes, o que encarece o produto e causa desequilíbrio nas reservas subterrâneas.

O principal objetivo das políticas das águas é a sua universalização. Para isso, poderia se instituir uma autoridade mundial da água, a qual, por meio de um tribunal, resolveria conflitos e estabeleceria dispositivos de uso e controle de forma solidária e sustentável.

Apesar de existirem, no mundo, 152 tratados pacíficos de cooperação para o uso da água, em 50 anos houve 42 conflitos por disputas desse recurso, com maior incidência no Oriente Médio. Quatro rios podem provocar disputas conflituosas no futuro: o Nilo, o Jordão, o Tigre-Eufrates e o Indo, principalmente porque são rios compartilhados entre países com histórico bélico.

O Iêmen é o primeiro país no mundo a sofrer total escassez de água por causa do aquecimento global, do crescimento populacional e do extrativismo, gerando possibilidades de conflitos e movimentos de massa que podem se espalhar pelo continente africano e pelo mundo.

Dentre os conflitos armados, Israel envolve-se na maioria deles. A disputa com Síria e Jordânia pelas Colinas de Golan ocorre não pela sua beleza natural, mas porque ali se encontra a nascente do rio Jordão, fundamental para o abastecimento de água no Oriente Médio.

O rio Jordão corre por entre Israel, Jordânia, Líbano, Síria e territórios ocupados da Palestina. O Tigre-Eufrates, berço da civilização suméria, passa por Iraque, Irã, Síria e Turquia. As águas do rio Indo abastecem Afeganistão, China, Índia, Paquistão e Caxemira. Por fim, o rio Nilo, que corta metade do território africano, banha Sudão, Uganda e Egito.

China e Índia também têm conflitos pela água: o rio de Brahmaputra já causou tensão entre os dois países e pode se tornar uma faísca para dois dos maiores exércitos do mundo. Em 2000, a Índia acusou a China de não compartilhar informações sobre o funcionamento do rio desde o Tibete, que causou inundações no nordeste da Índia e em Bangladesh.

Há tensões entre Botsuana, Namíbia e Angola em torno da vasta bacia de Okavango, na África. As secas fizeram a Namíbia reativar projetos de dutos de água com extensão de 250 milhas para fornecimento à capital, Windhoek. Drenar o delta seria letal para as comunidades locais e para o turismo. Sem a inundação anual do norte, os reservatórios encolherão e a água "sangrará" até o deserto de Kalahari.

Satélites norte-americanos detectaram uma grande diminuição das reservas de água nos rios Tigre e Eufrates em um período de sete anos, a partir de 2003, segundo estudo publicado na revista periódica *Water Resources Research*. Os leitos desses rios, cujas águas irrigam parte do Iraque, do Irã, da Turquia e da Síria, perderam o equivalente a um mar Morto.

Esse estudo baseia-se nos dados recolhidos durante um período de sete anos pelos satélites Grace da Agência Espacial Norte-americana (Nasa), que vigiam as mudanças globais nas reservas de água. De acordo com as variações nas reservas de água em uma determinada região, os satélites medem a gravidade das transformações e seus impactos.

Os dados dos Grace mostram um índice alarmante de queda no armazenamento total de água no Tigre e no Eufrates, que, atualmente, possuem a segunda taxa de perda mais rápida de águas subterrâneas da Terra, depois da Índia. Parte dessa diminuição foi atribuída à seca de 2007 – 60% da diminuição da água foi resultado do bombeamento de água subterrânea. Nesse sentido, somente o Iraque perfurou mil novos poços em resposta à seca de 2007.

A Turquia é quem manda nas nascentes dos rios Tigre e Eufrates, e possui um projeto de infraestrutura e de reservatórios que controla a quantidade de água liberada para a Síria, o Irã e o Iraque. Como a bacia não é coordenada em conjunto por esses países, o controle turco e a distribuição para os outros países é motivo de rivalidade na região, como aconteceu durante a seca de 2007, quando a Turquia desviou água para a agricultura local.

A diminuição no fluxo de água nessa região põe muita pressão sobre os vizinhos. As Nações Unidas relataram que residentes do Norte do Iraque tiveram de cavar poços assim que notaram o declínio na quantidade de água. Isso é um problema em um ambiente social, político e economicamente frágil.

Diversos países já se prepararam para vender grandes volumes de água. No Canadá, por exemplo, a preocupação é com a legislação que não permite esse tipo de venda, como é feito com o petróleo. Outros países "importam" água, processo designado de comércio de águas virtuais, por meio de compra de alimentos, principalmente cereais.

Países do Oriente Médio, impedidos de produzir seus próprios alimentos em decorrência da escassez de água e do clima seco, são os maiores importadores virtuais. Compram mantimentos de outras nações que não têm problemas crônicos de água doce.

No Brasil, o que seria improvável já tomou forma: uma guerra entre unidades da federação por conta do uso da água. Apesar de ser detentor do maior volume de água doce superficial do mundo, a má gestão dos recursos hídricos, a poluição dos rios, a falta de proteção das nascentes e o desperdício de água tratada provocam grave crise de abastecimento de água e de energia. A causa não é apenas a escassez de chuvas, mas, sobretudo, a incúria e a incompetência de gestão dos órgãos públicos envolvidos.

Em razão da falta de água nos reservatórios que abastecem suas principais cidades, a região Sudeste enfrenta, em 2014, uma das piores crises hídricas de sua história. São Paulo, Rio de Janeiro e Minas Gerais, os três Estados mais ricos do Brasil, disputam o uso da água de seus principais rios.

O reservatório do Sistema Cantareira, pertencente à bacia do rio Piracicaba, abastece cerca de 9 milhões de pessoas na Região Metropolitana de São Paulo e está com os níveis de reserva d'água mais baixos de sua história. O Cantareira trata 33 mil litros de água por segundo e é um dos maiores sistemas produtores de água do mundo. As seis represas que compõem o complexo estão em diferentes níveis e são interligadas por um extenso sistema, composto por 48 km de túneis, para aproveitar os desníveis e a acumulação de água por gravidade.

O governador paulista propôs ao governo federal a transposição das águas da represa Jaguari (bacia do Paraíba do Sul), para dar suporte ao reservatório da Cantareira. A proposta foi combatida pelo governador do Rio de Janeiro, porque o rio Jaguari é afluente do rio Paraíba do Sul, que abastece quase todo o Estado do Rio de Janeiro.

O rio Paraíba do Sul nasce na cidade de Cunha, Estado de São Paulo, segue por Minas Gerais e pelo Rio de Janeiro, abastecendo os reservatórios de cidades desses três Estados brasileiros. A Agência Nacional das Águas (ANA) é a responsável legal pela gestão de captação de águas dos rios federais. No entanto, o Governo do Estado de São Paulo não precisa do aval da ANA para projetar e implantar o uso das águas do rio Paraíba do Sul, embora se sujeite à outorga e ao regime de reservas da Agência, como condição para implementar um sistema de captação no rio.

O projeto de transposição das águas do rio Paraíba do Sul para o Sistema Cantareira é discutido desde 2008. No entanto, como a situação dos níveis dos reservatórios que abastecem a cidade de São Paulo e seu entorno estava há muito tempo confortável, o governo paulista engavetou tal projeto. Uma alternativa mais apropriada, sem necessidade de transposição, talvez fosse utilizar a represa Billings, que fica dentro da Região Metropolitana de

São Paulo e possui 1,3 bilhão de m^3 de água, utilizando-se da Lei de Proteção Ambiental para limpá-la por meio de planos de recuperação ambiental.

É preciso considerar que uma obra de transposição leva alguns anos para ser implementada e, por se tratar de um rio federal, está sujeita à outorga da ANA, ao licenciamento ambiental do Instituto Brasileiro do Meio Ambiente e dos Recursos Naturais Renováveis (Ibama), à manifestação dos Comitês de Bacia interessados e à oitiva dos três Estados afetados pelos impactos do projeto. Esse cenário de conflito por disputa de reservas de água deve se intensificar em regiões próximas a grandes metrópoles.

O cenário futuro é preocupante, e os detentores de estoques hídricos de água doce serão os provedores da vida. Faz-se necessário executar vultosos investimentos de longo prazo em obras de abastecimento que, no entanto, devem ser feitas de forma integrada, já que as bacias hidrográficas não estão distribuídas em conformidade com a demanda.

A ONU prevê que, em 2025, aproximadamente 3 bilhões de pessoas estarão vivendo em zonas de escassez de água. Essa situação só tende a se agravar pelas mudanças climáticas. Em 1979, Anwar el-Sadat, então presidente do Egito, profetizava que o único assunto que poderia levar o Egito à guerra seria a água. A água é "mãe da vida", bem abundante e gratuito do passado, que se transformou em mercadoria estratégica na complexa geopolítica entre nações em busca de segurança hídrica.

Segundo John F. Kennedy, "quem for capaz de resolver os problemas da água será merecedor de dois prêmios Nobel, um pela paz e outro pela ciência".

2

A energia das águas represadas

Nunca o homem inventará nada mais simples nem mais belo do que uma manifestação da natureza. Dada a causa, a natureza produz o efeito no modo mais breve em que pode ser produzido.

LEONARDO DA VINCI

A IDEIA DE QUE A HUMANIDADE CAMINHA RUMO A níveis crescentes de bem-estar parece ser senso comum. Em sã consciência, ninguém é contrário ao desenvolvimento da sociedade. Mas ainda é raro construir qualquer projeto de desenvolvimento com objetivos claros, que contemplem e atendam, simultaneamente, os interesses econômicos, sociais, ambientais e culturais de uma comunidade. A exclusão social e a crise ambiental parecem não fazer parte da agenda de políticos e empresários.

O termo desenvolvimento deve ser entendido como mudança em favor de toda a sociedade, ou de sua maioria, e que promova avanços estruturais e qualitativos. Quaisquer projetos de desenvolvimento de uma comunidade devem priorizar serviços de qualidade em alimentação, educação, saúde, água, saneamento básico, transporte público e energia.

As economias de nações que melhor se posicionam quanto ao acesso a recursos energéticos de baixo custo e de baixo impacto ambiental são as que obtêm importantes vantagens comparativas e constroem modelos sustentáveis de desenvolvimento.

A energia é um bem de natureza estratégica e, não por acaso, a segurança energética é sempre um tema relevante na agenda mundial. Por muito tempo, o consumo *per capita* de energia foi usado como indicador do grau de desenvolvimento dos países. Atualmente, à medida que esse índice cresce, aumenta a conscientização da importância do uso racional de energia, bem como da necessidade de substituição de fontes poluídas e finitas por fontes renováveis, limpas, baratas, seguras e acessíveis.

De acordo com Daniels (1964) e Hubbert (1969), o fluxo de energia solar chega ao planeta com uma diferença astronômica em relação ao tamanho do estoque de energia terrestre livre. Afirmam que, sendo Q a quantidade total de irradiação solar que chega à Terra anualmente, e Q equivalendo a 10^{18} BTU (*British Termal Unit*), apenas 5,3 mil Q são interceptados nos limites da atmosfera. Metade dos 5,3 mil Q é refletida de volta para o espaço exterior.

O consumo total mundial de energia não é superior a 0,2 Q/ano. A fotossíntese absorve 1,2 Q da energia solar que chega ao solo. Das quedas d'água, pode-se extrair 0,08 Q, mas é utilizado apenas 10% desse potencial. Em relação aos combustíveis fósseis, comprovou-se que há reservas de cerca de 213 Q, que, ao se juntar a outros 200 Q de reservas prováveis e recuperáveis, somam 413 Q, montante que pode produzir somente duas semanas do que se tem de energia solar sobre o globo. Da energia das marés e das geotérmicas, obtém-se somente 0,10 Q.

Ou seja, no momento em que a inventividade humana conseguir armazenar, para uso, esse potencial quase infinito de energia solar, um fenômeno natural que não agride e regula o meio ambiente, as energias poluentes desaparecerão do globo.

A Organização das Nações Unidas (ONU) definiu 2012 como o Ano Internacional da Energia Sustentável para Todos. Não sem motivos, pois, atualmente, 20% da população mundial não tem acesso e outros 15% tem apenas acesso limitado à energia elétrica – um inaceitável batalhão de excluídos das benesses da energia, fonte de vida e de inclusão social. A ONU estabeleceu também duas metas até 2030: garantir que todos tenham acesso à energia; e aumentar em 30% a participação das energias renováveis na matriz energética mundial.

Ter em seu território recursos naturais que possam se transformar em fontes de produção de energia é estratégico para qualquer comunidade. É um diferencial que reduz a dependência do suprimento externo e aumenta a segurança quanto ao abastecimento de um serviço vital ao desenvolvimento econômico e social.

Para limitar o aumento médio global da temperatura em 2°C até 2050 e assim evitar catástrofes maiores com o aquecimento global, é preciso "construir" 100 gigawatts (GW) de usinas sem emissões de gases de efeito estufa (GEE) no mundo todo a cada ano, por 20 anos. No entanto, qualquer fonte de produção de energia elétrica gera impactos socioambientais negativos, como pode ser observado na Tabela 3.

Mandatários de mais de 170 países reunidos na Conferência de Cúpula Mundial sobre Desenvolvimento Sustentável, em Johannesburgo, no ano de 2002, e no 3º Fórum Mundial da Água, em Kyoto, em 2003, chegaram a um consenso: toda geração hidrelétrica é renovável e merecedora de apoio internacional.

Em relação a potenciais hídricos, além de ser uma fonte limpa, renovável e segura, pode-se acrescentar o baixo custo do suprimento na comparação com outras fontes (carvão, petróleo, urânio e gás natural). A energia hidrelétrica é classificada como limpa no mercado internacional; já as usinas termoelétricas, responsáveis por cerca de 40% de toda a energia consumida no planeta, quando utilizam o carvão como propulsor, emitem 250 vezes mais dióxido de carbono (CO_2) que as hidrelétricas (Tabela 4).

Tabela 3 Impactos socioambientais da geração de energia elétrica

FONTES DE ENERGIA	IMPACTOS SOCIOAMBIENTAIS
Termoeletricidade	Emissão de gases de efeito estufa
	Emissão de material particulado
	Emissão de óxido de enxofre
	Emissão de óxido de nitrogênio
Hidreletricidade	Alagamento para construção de barragens
	Alteração nos regimes dos rios a jusante
	Assoreamento a montante da barragem
	Barreiras à migração dos peixes
	Proliferação de algas
	Perda de patrimônio histórico, arqueológico e turístico
	Remoção de populações locais
Bioeletricidade	Perda de biodiversidade
	Poluição atmosférica
	Mortandade de peixes
	Contaminação de aquíferos freáticos
Energia eólica	Poluição sonora
	Poluição estética
	Morte de pássaros
Energia solar	Acúmulo de resíduos tóxicos no ambiente
Pequenas centrais hidrelétricas (PCH)	Interferência na fauna e na flora locais
	Conflitos com o turismo
Energia nuclear	Risco de acidentes
	Incertezas no gerenciamento dos resíduos
	Perigo da proliferação de armas atômicas

Fonte: Goldemberg e Lucon, 2007.

Tabela 4 Emissão de CO_2 por fonte de energia

FONTES DE ENERGIA	KG/MW/H
Hidrelétricas	4
Nuclear	16
Biomassa	18
Solar	46
Gás natural	469
Óleo combustível	840
Carvão	1001

Fonte: Anel/CCEE, base: março de 2013.

No Brasil, o acesso à energia elétrica deixou de ser crítico, mas ainda é preocupante. O censo do Instituto Brasileiro de Geografia e Estatística (IBGE) de 2010 aponta 728 mil lares brasileiros sem eletricidade, apesar de aproximadamente 95% da população ter acesso à rede elétrica. Com sua vasta extensão territorial e abundância de recursos naturais, o país apresenta grande diversidade regional, além de concentração populacional e econômica em regiões com problemas de suprimento energético.

Grande parte dos recursos hidráulicos a serem explorados no país se localiza em regiões pouco desenvolvidas, como a Amazônia, longe dos grandes centros consumidores e com complexas restrições ambientais. Promover o desenvolvimento e a integração socioeconômicos dessas regiões, preservar a sua diversidade biológica e garantir seu suprimento energético são alguns dos maiores desafios do Brasil.

O rigor ambiental dos órgãos licenciadores do setor judiciário e do Ministério Público criou um paradoxo ambiental: é mais simples produzir energia elétrica no Brasil por meio de combustíveis fósseis, que contribuem para o efeito estufa, do que se utilizar da energia renovável e limpa das águas.

Torna-se, portanto, fundamental o conhecimento sistematizado da disponibilidade de recursos energéticos e de novas tecnologias para exploração sustentável do potencial hidrelétrico brasileiro, *vis à vis* as necessidades energéticas setoriais e regionais. Não basta, simplesmente, dizer que não pode; é necessário dizer o que se pode fazer e avaliar o impacto da não construção de usinas hidrelétricas em face da demanda das futuras gerações.

As usinas hidrelétricas

Barrar um rio para construir hidrelétricas significa abrir mão de recursos naturais para produzir energia em escala e provocar impactos irreversíveis. Por outro lado, a realidade socioeconômica de um país não pode ser compreendida sem a existência de um eficaz sistema de geração de energia elétrica.

Esse paradoxo tem de ser resolvido com planejamento e criteriosos estudos técnicos e científicos, que possam concluir, entre impactos positivos e negativos, qual seria o balanço final, e deixar a sociedade organizada decidir qual futuro deseja construir em seus sistemas eletroenergéticos, sempre com planejamento em longo prazo, ou seja, de 10, 20, 50 anos e assim por diante.

Hidrelétricas produzem aproximadamente 19% de toda a eletricidade consumida no planeta, equivalente a cerca de 5 bilhões de barris de petróleo. O Brasil está em terceiro lugar, no seleto grupo dos cinco maiores produtores, junto com Estados Unidos, Canadá, Rússia e China. Os Estados Unidos são os líderes, com produção de mais de 300 terawatt-hora (TWh), seguidos pelo Canadá, com mais de 250 TWh.

Todos os países desenvolvidos aproveitam seus recursos hídricos para gerar energia limpa, até mesmo o Japão, com seu pequeno espaço territorial. É uma alternativa altamente viável, pois gera grandes quantidades de energia a baixos custos; pode-se armazenar a fonte de geração; e há tecnologia e estrutura de geração, transmissão e distribuição.

O acionamento do primeiro sistema de conversão de hidroenergia em energia elétrica ocorreu somente em 1897, quando entrou em funcionamento a hidrelétrica de Niagara Falls nos Estados Unidos. De lá para cá, o modelo é praticamente o mesmo, com incorporação apenas de novos materiais e tecnologia de ponta, que permitem maior eficiência e confiabilidade do sistema. Em relação a outras fontes, a energia produzida por hidrelétricas é a forma mais segura e de menor custo. Confira mais dados na Tabela 5.

Os rios mais adequados para a construção de hidrelétricas são os dotados de maiores desvios e declives, afinal, é nas quedas que está a energia. Normalmente, esses rios são os mais sujeitos a grandes variações da vazão, sendo necessário regularizá-las para que a usina possa funcionar ininterruptamente e em plena carga.

A regularização do regime de um rio só é possível com a construção de barragens sólidas, úteis não apenas para gerar energia,

Tabela 5 Custo médio de produção de energia

FONTE	US$/MW/H
Centrais de geração hidrelétrica (CGH)	43
Eólica	50
Pequenas centrais hidrelétricas (PCH)	80
Nuclear	83
Biomassa	86
Carvão	168
Gás natural	197
Óleo diesel	254
Óleo combustível	300

Fonte: Aneel/CCEE, base: março de 2013, adaptada pelo autor.

mas também para irrigar o entorno, fornecer água para fins industriais, alimentar canais navegáveis e criar espécies de peixes. As águas acumulam-se nesse paredão e as comportas são abertas ou fechadas de acordo com a necessidade energética e de fluxo de água, obtendo-se, dessa maneira, uma vazão média constante o ano todo.

Há dois tipos de reservatórios de água em usinas: de acumulação e a fio d'água. Os reservatórios de acumulação possuem maior profundidade e amplas áreas alagadas. A água do reservatório demora longo período para se renovar por completo. A quantidade retida pode apresentar grandes variações, e pode suprir um curto período de estiagem (intra-anual) ou até mesmo longos períodos de seca (interanuais). Já os reservatórios a fio d'água, de forma geral, possuem pequenas áreas alagadas e profundidade moderada, além de baixo tempo de permanência da água no reservatório, de alguns dias ou poucas semanas, até a renovação completa.

A geração de energia elétrica ocorre quando a água represada no reservatório é conduzida com muita pressão por intermédio de enormes tubos até a casa de geração de força, onde estão instaladas as turbinas e os geradores que produzem eletricidade. Passam cerca de 700 mil L/s de água em cada turbina.

A água represada em reservatórios é uma bateria de armazenamento de energia. Possui potencial gravitacional que se converte em energia cinética e se transfere para uma turbina, a qual é formada por uma série de pás ligadas a um eixo conectado a um gerador. A pressão da água sobre essas pás produz um movimento giratório no eixo da turbina, gera um campo eletromagnético dentro do gerador e produz energia, que passa por um transformador para aumentar sua voltagem e facilitar sua movimentação (Figura 4).

Quando há um prolongado período de seca, os rios perdem volume e o nível do reservatório das usinas cai, diminuindo a força

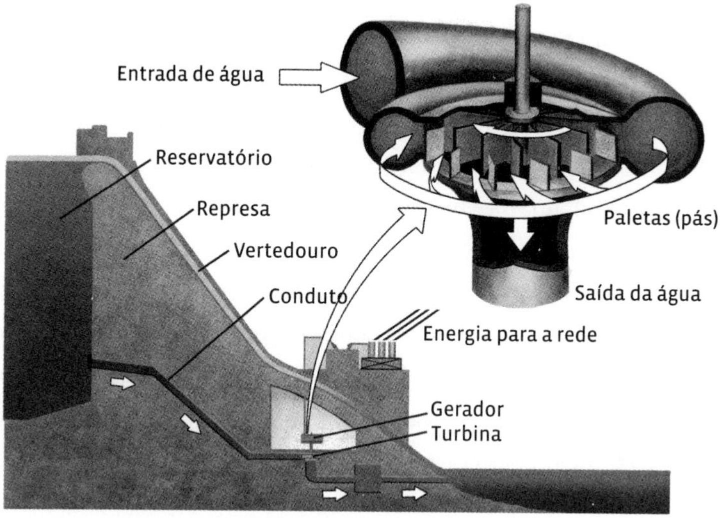

Figura 4 Esquema de funcionamento de uma usina hidrelétrica.

Ilustrada por Caio Cacau, adaptada de http://www2.turmadoleleco.com.br/secoes/destaque/a-forca-das-aguas/

da queda d'água. Consequentemente, algumas turbinas têm de ser desligadas, o que causa um déficit na produção de energia.

A cadeia de produção de eletricidade abrange três segmentos principais: geração, transmissão e distribuição (GTD). A geração trata de novas usinas e de investimentos em atualização tecnológica. A transmissão compreende a construção de interligações entre os subsistemas e o reforço de toda a malha da rede básica, em consonância com o aumento da carga e dos fluxos de energia. A distribuição envolve a instalação de equipamentos e a expansão da rede elétrica de média e baixa tensão, em consonância com a evolução do consumo final. O GTD é um sistema complexo, que demanda constante gestão para mantê-lo e otimizá-lo, sob pena de apagões.

O porte de uma usina determina as dimensões de equipamentos e as redes de transmissão necessárias para levar energia até os centros de consumo. Quanto maior a usina, mais distante ela tende a estar desses grandes centros. Exige a construção de grandes linhas de transmissão em tensões alta e extra-alta (de 230 a 750 quilovolts [kV]), que, muitas vezes, atravessam territórios de vários estados.

A energia gerada em usinas hidrelétricas é transformada em alta voltagem para possibilitar transporte mais rápido com menores perdas. Passa por diversas subestações que diminuem ou aumentam a voltagem de acordo com o consumo demandado. Ao chegar ao destino final, por intermédio de um emaranhado de linhas de transmissão, um transformador reduz a energia de volta ao nível adequado para distribuição aos usuários (Figura 5).

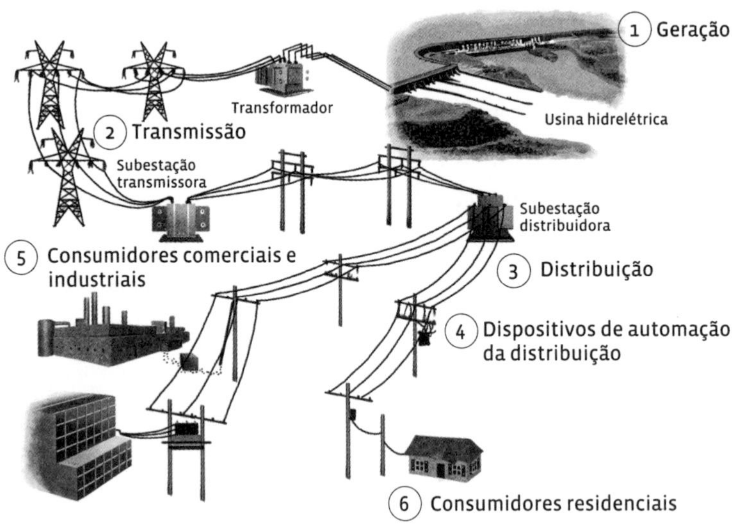

Figura 5 Esquema simplificado de geração e consumo de energia elétrica.

Ilustrada por Caio Cacau, adaptada de http://automoveiseletricos.blogspot.com.br/2013/02/como-comparar-custos-de-consumo-entre.html.

Os projetos de usinas hidrelétricas, independentemente do porte e da localização, têm como ponto de partida um estudo geológico e hidrológico detalhado da região. São projetadas para resistir a eventos extremos, como chuvas torrenciais, inundações e movimentações de terra. A construção de uma usina hidrelétrica pode levar até 10 anos para ser concluída e sua vida útil pode se estender por até 200 anos. Investimentos em reforma e modernização aumentam a vida útil da usina em mais de 40 anos, e podem representar até 15% do custo da construção de uma nova.

Após processos de reforma e modernização, os ganhos de capacidade de geração são marginais, em torno de 2,5%, mas os custos de manutenção e operação diminuem substancialmente. Para aumentar em até 12% a capacidade de uma usina, pode-se trabalhar em sua repotencialização. Os Estados Unidos investem, anualmente, US$ 150 milhões em projetos de modernização e repotencialização de seu parque gerador hidráulico, por meio de um programa estratégico implementado 20 anos antes do que no Brasil.

Uma usina hidrelétrica é classificada em dois tipos principais, de acordo com a sua potência de geração de energia: as pequenas centrais hidrelétricas (PCH), com potência instalada entre 1 e 30 megawatts (MW) e reservatório com área inferior a 3 km^2 (de acordo com a Resolução da Aneel nº 394/1998); e grandes centrais hidrelétricas (GCH), com potência superior a 30 MW.

A hidreletricidade brasileira

O Brasil tem baixos índices de desenvolvimento social, aos quais se associam carências diversas e profundas na área econômica e ambiental. No entanto, possui importante vantagem comparativa no setor energético, relacionada à abundância de recursos naturais e a uma matriz energética relativamente limpa e renovável. A geração de energia elétrica no Brasil é concentrada em hidrelétricas, principalmente por causa de sua privilegiada geografia hidráulica, expressa na alta quantidade de rios caudalosos.

Com cerca de 8,5 milhões de km^2, mais de 7 mil km de litoral e condições edafoclimáticas extremamente favoráveis, o Brasil possui um dos maiores e melhores potenciais energéticos do mundo. Dentre todos os serviços de infraestrutura, o acesso à rede elétrica é o mais universalizado: dos mais de 190 milhões de brasileiros, cerca de 95% têm acesso à energia elétrica. O país conta com mais de 61,5 milhões de unidades consumidoras em 99% de seus municípios e, aproximadamente, 85% delas são residenciais.

O atual modelo do setor elétrico brasileiro possui inúmeras políticas e diretrizes, fundamentais para a confiabilidade do sistema e da segurança dos agentes envolvidos. Regras de atuação transparentes e mecanismos de regulação seguidos à risca são peças fundamentais para o bom funcionamento de um setor tão estratégico, dentre os quais pode ser citada a disponibilização de informações consistentes e atualizadas a todos os *stakeholders*.

O sistema de transmissão de energia elétrica brasileiro é considerado o maior do mundo. O Sistema Interligado Nacional (SIN), formado basicamente por empresas de geração, transmissão e distribuição do país, permite o intercâmbio de energia elétrica entre as diversas regiões brasileiras. O controle desse sistema é exercido pelo Operador Nacional do Sistema Elétrico (ONS) e conta com participações integradas de empresas públicas e privadas.

A Agência Nacional de Energia Elétrica (Aneel), uma dessas empresas, é uma autarquia reguladora criada em 1996, vinculada ao Ministério das Minas e Energia (MME) do governo federal. Tem por função: regular e fiscalizar a GTD e a comercialização de energia elétrica do Brasil; mediar conflitos entre agentes do setor e os consumidores; fornecer concessões de energia; e fazer a gestão das tarifas e da prestação de serviços dos agentes do sistema elétrico.

Outra protagonista do setor é a Eletrobras, empresa estatal, a maior companhia do setor de energia elétrica da América Latina. Atua nas áreas de geração, transmissão e distribuição de energia elétrica e controla grande parte dos sistemas de geração e transmissão de energia elétrica do Brasil por meio de seis subsidiárias: Chesf, Furnas, Eletrosul, Eletronorte, CGTEE e Eletronuclear. A capacidade geradora da Eletrobras é de 42.302 MW, correspondentes a 36% do total nacional. Atua também em distribuição de energia por meio de empresas nas regiões Norte e Nordeste. Possui 56% das linhas de transmissão do Brasil e participa ativamente da expansão do SIN.

Quatro das 20 maiores usinas do mundo estão instaladas no país: Itaipu, com potência de 14 mil MW, localizada em Foz do Iguaçu, no Paraná, ocupa o 2º lugar; Tucuruí, instalada no Pará, está na 4ª posição, com 8,3 mil MW; Ilha Solteira, na divisa entre São Paulo e Mato Grosso do Sul, é a 15ª, com 3,4 mil MW; e Xingó, localizada entre Sergipe e Alagoas, é a 16ª, com 3,1 mil MW.

A Usina de Itaipu tem uma capacidade de 14 mil MW, 20 unidades geradoras e responde por 16,99% da demanda brasileira e 72,91% da demanda paraguaia de energia elétrica. Perdeu seu título de maior usina hidrelétrica mundial para a Três Gargantas, construída no rio Yang-tsé, na China. Essa usina fica na cidade de Yichang, na província de Hubci, leste chinês. As obras da usina chinesa, que custaram US$ 37 bilhões, iniciaram-se em 1992 e em 2004 entraram em operação as primeiras turbinas. Tem capacidade de 18 mil MW e 26 turbinas.

O sistema de energia elétrica brasileiro iniciou seu desenvolvimento no fim do século XIX, com iniciativas essencialmente locais de alguns poucos pioneiros. Depois, passou a atrair os interesses de empresas e de capitais estrangeiros que aproveitavam a flexibilidade permitida pela legislação, essencialmente municipal e estadual.

Com o passar do tempo, o governo federal começou a intervir diretamente nesse estratégico setor da economia; não permitiu reajustes de tarifas que remunerassem investimentos e criou legislação reguladora de concessões. Criou a Eletrobras e empresas estatais nos Estados, que passaram a construir hidrelétricas com recursos públicos. O setor privado deixou de se interessar por investir em eletricidade e as até então dinâmicas empresas estatais se tornaram burocráticas e inchadas.

Na década de 1990, o setor ficou mais flexível para novos entrantes, com a desregulamentação do mercado. Distribuidoras como a Light foram privatizadas, mas as áreas de geração e transmissão, em sua maioria, ficaram sob o domínio governamental. Atualmente, cerca de 45% da oferta interna de energia no país é proveniente de fontes renováveis, ante 13,3% da matriz mundial (Figura 6).

De acordo com dados do MME, constantes no Balanço Energético Nacional de 2010, a energia produzida em usinas hidrelétricas brasileiras corresponde a 14,2% de sua matriz energética e a 75,9% de sua matriz elétrica (Figura 7).

As bacias hidrográficas brasileiras

Uma bacia hidrográfica é um conjunto de terras drenadas por um rio principal, seus afluentes e subafluentes. Está associada à "noção da existência" de nascentes, divisores de águas e características dos cursos de água, principais e secundários, denominados afluentes e subafluentes. No Brasil, a predominância do clima úmido propicia uma vasta rede hidrográfica, formada por rios com grande volume de água.

A maior parte dos rios brasileiros é de planalto, com rupturas de declive e vales encaixados, que propiciam alto potencial de aproveitamento hidrelétrico. As bacias hidrográficas Amazônica e do Paraguai ocupam extensões de planícies, já as bacias do Paraná e do São Francisco são tipicamente de planalto.

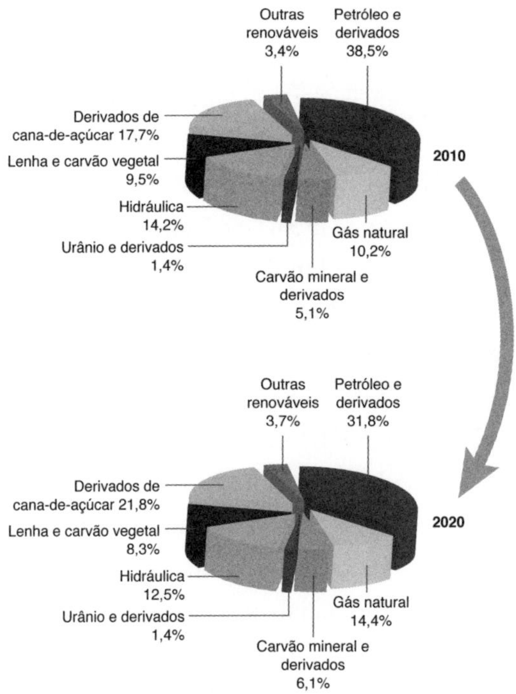

Figura 6 Matriz energética brasileira em 2010 e previsão para 2020.

Fonte: EPE, 2011.

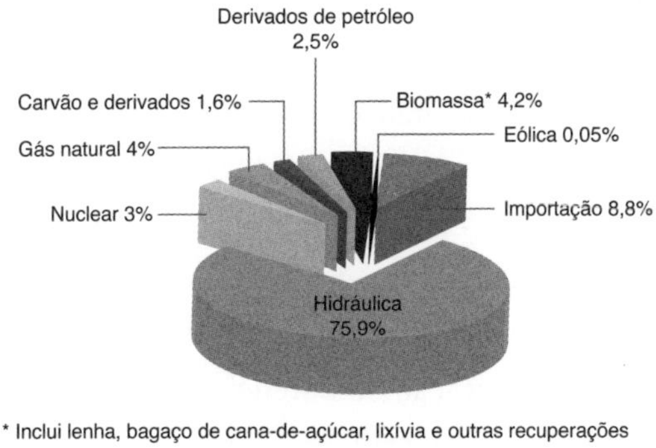

Figura 7 Matriz de oferta de energia elétrica no Brasil em 2010.

Fonte: MME, 2010.

Nesses rios, predomina a drenagem exorreica, ou seja, as águas correm para fora do continente, em direção ao mar, como o Amazonas, o São Francisco, o Tocantins e o Parnaíba. Pouquíssimos são os casos de drenagem endorreica, em que as águas correm para o interior do país e deságuam em outros rios, como o Negro, o Paraná, o Iguaçu, o Paranapanema e o Tietê.

O Brasil possui 63 mil km de rios, dos quais 43 mil são navegáveis, mas somente 36% desse total são utilizados. Os rios Amazonas e Paraguai, por serem predominantemente de planície, são largamente utilizados para navegação. A rede de hidrovias no Brasil tem 28.834 km, mas 16.140 km estão na região amazônica.

Em 2010, foi criado o Plano Hidroviário Estratégico, em que se estuda, de forma integrada e detalhada, as interações entre as logísticas intermodais de transporte – os custos, a origem e o destino das cargas – e os potenciais dos rios para dar vazão a safras agrícolas e outros bens.

A hidrovia é a forma mais eficiente de escoamento de produção agrícola. Qualquer projeto de criação de barreiras em cursos d'água deve sempre contemplar a inclusão de eclusas ou outros dispositivos de transposição de desníveis. O Brasil transporta apenas 4% de suas cargas por meio desse modal. Enquanto 70% da soja brasileira é transportada por rodovias, 61% da soja norte-americana é transportada por meio de hidrovias.

Apesar do enorme potencial de geração de energia, as bacias hidrográficas brasileiras apresentam aproveitamento muito desigual. A bacia do rio Paraná é a que tem a maior capacidade instalada. O planejamento da expansão da oferta de energia elétrica no Brasil priorizou a exploração do potencial de geração hidrelétrica disponível nas bacias hidrográficas das regiões Sudeste, Sul e Nordeste, onde a infraestrutura para o seu aproveitamento era de mais fácil acesso.

O potencial remanescente, além de se situar em bacias hidrográficas mais distantes dos grandes centros de consumo, está, em grande parte, localizado na região Norte, que apresenta pouca declividade, com rios que se caracterizam como de planície. Nesse sentido, torna-se difícil planejar e construir grandes reservatórios de regularização plurianual, nos rios da região Norte, pela inexistência de locais adequados sem implicar áreas inundadas excessivas, com profundidades médias reduzidas. Confira, na Tabela 6, a capacidade de aproveitamento das bacias no País.

O Brasil é capaz de guardar água equivalente ao seu consumo de 6 meses, muito pouco para um bem essencial à vida e para um país tropical de dimensões continentais. O que preocupa é a questão da perda da regularidade no acúmulo de água em tempos de chuvas. Os Estados Unidos possuem reservatórios que podem armazenar água até 165 dias de sua vazão média e há mais de 30 anos não constroem grandes hidrelétricas.

Tabela 6 As bacias hidrográficas brasileiras e seu uso para produzir energia

BACIAS HIDROGRÁFICAS	CAPACIDADE INSTALADA (%)	ÍNDICE DE APROVEITAMENTO (%)
Amazonas	1,6	0,6
Tocantins	31,4	29
Atlântico Norte/Nordeste	14,1	9,4
Rio São Francisco	42,3	39,2
Atlântico Leste	20,3	17,8
Rio Paraná	73,0	64,5
Rio Uruguai	24,5	22,3
Atlântico Sudeste	34,5	26,6
Brasil	**37,3**	**25,6**

Fonte: ANA, 2012.

Novas usinas

Segundo a Aneel, o Brasil possui 966 empreendimentos hidrelétricos, sendo 364 centrais de geração hidrelétrica (CGH), 412 PCH e mais de 190 usinas hidrelétricas (UHE), dentre as quais, 167 de grande porte, responsáveis por mais de 97% da capacidade instalada do país.

O Plano Decenal de Expansão de Energia do MME prevê um crescimento do consumo médio de energia de cerca de 4% ao ano pelos próximos 5 anos, taxa que praticamente se repetiu nos últimos 25 anos, cenário que demanda novas usinas. Novos empreendimentos se espalham pelo país, sendo mais de 40 de grande porte.

O potencial de geração hidrelétrica no Brasil está estimado, em grandes números, em 260 GW, dos quais cerca de 30% foram aproveitados. Esse potencial se concentra fortemente nos biomas da Amazônia e do Cerrado, áreas distantes dos principais centros consumidores, e sujeitas a fortes restrições ambientais. Na maioria dos países desenvolvidos, utiliza-se 70% ou mais dessa capacidade de geração.

Destes 260 GW, apenas 160 a 180 GW são aproveitáveis até o ano 2030. Os 80 a 100 GW adicionais apresentam dificuldades para o seu aproveitamento, pois se encontram localizados em terras indígenas, parques nacionais, reservas florestais e de preservação ambiental. Em várias dessas áreas ou regiões, as posturas legais não permitem desenvolver estudos de inventário e de viabilidade de novas usinas hidrelétricas.

No Programa de Aceleração da Economia PAC II, divulgado em março de 2012, o governo brasileiro apresentou um conjunto de 30 novas usinas hidrelétricas na Amazônia Legal, com investimentos totais planejados de US$ 48 bilhões e previsão de gerar 70,5% da nova energia hidrelétrica brasileira no prazo de dez anos. Algumas dessas usinas se encontram em processo de licenciamento ambiental e outras já estão em avançado processo de construção, como Jirau, Belo Monte, Teles Pires, Colider e Santo Antônio.

O governo federal assume como estratégicos os investimentos no potencial de hidreletricidade da Amazônia para o desenvolvimento econômico do país. No entanto, não há nenhum estudo sério e integrado dos impactos que essas 30 usinas irão provocar no seu entorno, nem possíveis cenários alternativos.

Serão, certamente, impactos de monta, principalmente os decorrentes dos intensos fluxos migratórios e os oriundos das inúmeras pressões sobre os recursos naturais e as reservas indígenas, que se juntarão a um quadro já altamente caótico e precário em termos sociais (moradia, saúde, educação, saneamento e alimentação).

O Macrozoneamento da Amazônia Legal, aprovado pelo Decreto nº 7.378, de 1º de dezembro de 2010, que tinha como alvo ordenar o desenvolvimento sustentável na Amazônia, não atingiu seus objetivos por conta de uma elaboração genérica e precária para essa área complexa e continental.

Os inventários de novas usinas devem conter estudos e avaliações ambientais cada vez mais rigorosos em busca não só de maximizar a riqueza do entorno, mas também preservar a biodiversidade, minimizar impactos e ouvir os interesses de toda a população envolvida.

O que se faz necessário é adotar processos políticos decisórios mais transparentes e integrados; discutir com toda a sociedade os reais impactos de novas usinas em área de grande riqueza ecossistêmica; e então concluir qual é a composição mais adequada em relação à matriz energética que se deseja construir no longo prazo.

Pequenas centrais hidrelétricas (PCH)

As PCH foram concebidas para atender a demanda em pequenos centros urbanos e regiões rurais. Possuem importante papel na descentralização de geração de eletricidade, principalmente quando implantadas em locais isolados para atender comunidades sem energia.

Geralmente abastecem pequenos centros consumidores e não necessitam de instalações tão complexas para transmitir energia. São implantadas junto a baixas quedas d'águas – uma queda é considerada baixa quando inferior a 40 m; entre 40 e 80 m, média; e acima de 80 m, alta.

Possuem reduzidos custos de instalação, construções com poucos impactos sociais e ambientais, menor volume de investimentos, prazo de maturação mais curto e construção e operação, via de regra, incentivadas pelo Banco Nacional de Desenvolvimento Econômico e Social (BNDES), para alavancar as políticas governamentais.

Diferentemente de uma usina hidrelétrica de grande porte, as PCH não se utilizam de grandes reservatórios para armazenagem de água. Operam a fio d'água, ou seja, permitem a passagem contínua de toda água, processo que proporciona uma capacidade nominal mais estável.

Requerem uma pequena área inundável, muitas vezes equivalente ao nível das cheias do rio. Aproveitam a força da correnteza e a vazão natural dos rios sem precisar estocar grandes quantidades de água. Dessa maneira, não possuem a capacidade de regular o fluxo de águas de um rio, e, como desvantagem, o custo de sua energia é maior que das grandes usinas.

Apesar do menor porte, o preço da energia produzida em uma PCH é competitivo em relação ao das hidrelétricas tradicionais, tendo em vista diversos incentivos. O Programa de Incentivo às Fontes Alternativas de Energia Elétrica (Proinfa) financia até 70% do investimento com aval do BNDES.

Outros incentivos concedidos às PCH são: a possibilidade de utilização de regime fiscal em lucro presumido; maior facilidade na obtenção de licenciamento ambiental; isenção de pagamento de alguns encargos, como o Uso do Bem Público (UBP), de encargos com pesquisa e desenvolvimento e do pagamento da compensação financeira pelo uso dos recursos hídricos; menor prazo de implementação e de manutenção do investimento; possibilidade de comercializar de imediato a energia elétrica produzida com consumidores cuja carga seja maior ou igual a 500 quilowatts (kW); e a possibilidade de sub-rogação da Conta de Consumo de Combustíveis (CCC) para empreendimentos instalados em sistemas isolados.

Há também o benefício na comercialização de energia gerada no mercado livre, que consta na regulamentação da contratação de energia incentivada e prevê redução nas tarifas de distribuição e de transmissão dos geradores e dos respectivos consumidores dessa energia.

De acordo com a Lei nº 9.427/1996, fontes alternativas (PCH, biomassa, eólica e solar) têm direito a um desconto de no mínimo 50% nas tarifas de uso do SIN. O direito a esse desconto é estendido também aos consumidores.

A Aneel indica um total de 412 PCH em operação, 61 em construção e mais de 500 projetos em fase inicial de estudos. Essas usinas produzem apenas 2,89% da energia elétrica brasileira e, caso todos os projetos em andamento sejam viabilizados, aumentando em três vezes o total de PCH do país, acrescentarão muito pouco à capacidade total brasileira. Dados da Eletrobras indicam existir um potencial de cerca de 10 mil MW a ser explorado por meio da construção de mais de 900 PCH.

O horário de verão brasileiro entre outubro de 2011 e fevereiro de 2012, que durou 133 dias, economizou 4,6% ou 2,65 GW da energia elétrica do país, ou seja, quase 1,5 vez o potencial total de energia das PCH.

No Brasil, há dispensa de licitação para obter concessão de PCH; basta ao empreendedor ter autorização da Aneel. As PCH utilizam equipamentos, serviços de engenharia e construção totalmente nacionais.

Em alguns Estados brasileiros, as PCH estão dispensadas de apresentar o Estudo de Impacto Ambiental (EIA) e o respectivo Relatório de Impacto Ambiental (RIMA), necessitando somente da elaboração de um estudo ambiental simplificado, que, na maioria das vezes, não aponta todos os impactos da obra. Essa dispensa permite que muitos empreendedores optem por PCH e terminem por planejar várias delas no mesmo rio, sem que seja realizado um estudo amplo do impacto do conjunto das obras sobre o curso d'água ou a bacia.

Dessa maneira, muitos rios transformam-se em escadas sequenciais de pequenos lagos com a única função de gerar energia, o que prejudica o ecossistema local, a paisagem e o desenvolvimento de outras atividades econômicas.

A facilidade para obtenção de licenças ambientais não significa que as PCH não provoquem impactos negativos ao meio ambiente. Pelo contrário: como podem ser instaladas próximas ao perímetro urbano, esses impactos são potencializados.

Os locais para melhor aproveitamento de PCH encontram-se nas regiões Sul e Sudeste, nas bacias do Paraná e do Atlântico Sudeste, ou seja, próximos dos maiores centros consumidores do Brasil. Os novos projetos concentram-se na região Centro-Oeste.

No bioma do Pantanal brasileiro, há previsão de construção de 61 PCH nos próximos 9 anos, que irão acrescentar 1,33% de potencial adicional de energia elétrica à capacidade do país. Certamente, os impactos sobre esse patrimônio ecológico mundial serão profundos, e um grande embate será travado entre ambientalistas, empresários, comunidade e poder público, com desfecho imprevisível.

Pagamento de compensação financeira pela construção de usinas hidrelétricas

Na Constituição Federal do Brasil de 1988, o artigo 20 define como bens da União, entre outros, os potenciais de energia hidráulica. Seu parágrafo primeiro assegura a participação pública no resultado da exploração de recursos hídricos para fins de geração de energia elétrica, ou compensação financeira por essa exploração.

A Compensação Financeira pela Utilização de Recursos Hídricos (CFURH) foi instituída por meio da Lei nº 7.990, de 28 de dezembro de 1989, e regulamentada pelo Decreto nº 3.739, de 31 de janeiro de 2001 e pela Resolução Aneel nº 67, de 22 de fevereiro de 2001. É paga mensalmente a Estados e municípios que tiveram áreas alagadas ou foram afetados pelos reservatórios das grandes usinas hidrelétricas. As geradoras caracterizadas como PCH são dispensadas do pagamento dessa compensação financeira.

A CFURH é um importante instrumento econômico de gestão ambiental, primeiro porque seu recolhimento se configura como um pagamento pelo uso do recurso natural. Depois, a destinação dos montantes arrecadados para os Estados e municípios atingidos garante recursos para que minimizem as externalidades negativas decorrentes da implantação e da operação de uma usina hidrelétrica.

O gerenciamento do recolhimento dos recursos, assim como da distribuição entre os beneficiários, é feito pela Aneel. O valor da CFURH corresponde a 6,75% da energia de origem hidráulica produzida pela usina mensalmente, medida em megawatt-hora (MWh), multiplicado pela Tarifa Atualizada de Referência (TAR) fixada pela Aneel. A TAR representa o custo de venda da energia das geradoras às distribuidoras, descontados os encargos setoriais relativos à geração, os tributos e o custo de transmissão.

A partir de 6,75% dos recursos da CFURH, 0,75% é destinado ao Ministério do Meio Ambiente (MMA) para aplicação na implementação da Política Nacional de Recursos Hídricos e do Sistema Nacional de Gerenciamento de Recursos Hídricos. Os 6% restantes são distribuídos da seguinte forma: 45% para municípios atingidos pelas barragens, proporcionalmente às áreas alagadas; 45% aos Estados em que se localizam os reservatórios; e 10% para a União.

Em 2011, segundo a Aneel, a arrecadação da compensação financeira para geração de energia elétrica a municípios, Estados e União, incluindo *royalties* (compensação financeira devida pela Usina de Itaipu), foi de R$ 2,005 bilhões. Desse total, R$ 1,635 bilhão é referente à CFURH e R$ 370,1 milhões aos *royalties*.

Em dezembro de 2011, o valor de compensações chegou a R$ 172,7 milhões. Os recursos desse mês foram distribuídos a 686 municípios de 21 Estados, ao Distrito Federal e à União, dos quais R$ 139,2 milhões vieram da CFURH. A transferência de *royalties* foi de R$ 33,5 milhões a 342 municípios de cinco Estados, ao Distrito Federal e à União. Os valores foram arrecadados de 92 empresas pagadoras, responsáveis por 174 usinas hidrelétricas e 184 reservatórios.

A expansão do parque elétrico brasileiro

Apesar de inúmeras restrições socioeconômicas e ambientais, a energia hidráulica é a principal fonte geradora de energia elétrica do Brasil. Essa dependência reflete a falta de políticas de investimentos mais agressivas em outras fontes também renováveis, seguras e limpas, de forma a obter uma matriz mais diversificada e equilibrada. Confira dados comparativos da última década na Tabela 7.

Tabela 7 Evolução da capacidade instalada de geração de energia elétrica entre os anos 2000 e 2010

FONTES DE ENERGIA	2000 (%)	2010 (%)
Hidrelétrica	82,8	71,2
Termoelétrica	14,4	26,2
Nuclear	2,7	1,7
Eólica	0,01	0,9

Fonte: MME, 2012, adaptada pelo autor.

O país necessita viabilizar novos empreendimentos para conseguir atender sua crescente demanda energética e criar um sistema mais confiável e previsível, tanto na geração de energia quanto em sua transmissão, sua distribuição e seus custos.

Para suportar o aumento da demanda, a Eletrobras e a Aneel constatam que o país precisa aumentar, até 2020, em 70 mil MW sua capacidade de geração de energia. Grande parte dessa expansão energética será suportada ainda por energia hidrelétrica.

Ocorre que o país tem poucos rios com potencial para geração de energia de grande porte a preços baixos. Vai buscar energia em áreas cada vez mais distantes, onde a diversidade cultural e os ecossistemas estão mais preservados. É na Amazônia que se encontram os últimos grandes cursos d'água para geração de hidrelétricas; no entanto, as restrições ambientais objetivam impedir impactos devastadores, como ocorreu em passado recente.

Também é na região amazônica que se encontra a maior variabilidade de vazão, principalmente por causa do elevado volume de precipitações e da fisiologia das bacias. Mensurada em gigawatt-hora (GWh), a diferença entre a vazão mínima e máxima das bacias do Sudeste e Centro-Oeste do Brasil encontra-se em 3,5 GWh; já nas usinas hidrelétricas do rio Madeira, está em 7,5 GWh; e em Belo Monte, 25 GWh.

Para ampliar a oferta de energia que possa atender ao crescimento de sua economia, o governo brasileiro busca acordos com países vizinhos, como parte de uma estratégia de integração e compartilhamento energético, em busca de eficiência de custos. O objetivo é construir novas hidrelétricas em países sul-americanos que acrescentem 18 mil MW no seu sistema até 2020.

O alvo prioritário é o Peru, pois, além de preços reduzidos, tem baixa demanda energética e possui 14% do potencial hídrico da América Latina. Mas também por lá há resistência de movimentos ambientalistas. Os principais projetos em desenvolvimento encontram-se na Argentina, no Peru, no Uruguai, na Bolívia e na Colômbia. A América Latina dispõe de 18% do potencial hídrico mundial e só explora 24% desse total.

O sistema elétrico brasileiro, há décadas, opera no limite entre a capacidade de fornecimento e a demanda. Dirigentes do setor, muitas vezes, dependem de fatores que estão fora de seu controle; um deles, a ausência de chuvas, ocasionou o apagão de 2001.

A causa principal desse grave evento foi, no entanto, a crônica falta de investimentos no setor. Durante a década de 1980, o consumo de eletricidade cresceu 1,5 vez mais depressa que o produto interno bruto (PIB). Na década de 1990, o crescimento do consumo foi quase 2,5 vezes maior que o PIB. A demanda por energia foi teimosamente superior à oferta, acumulando um déficit de mais de 10% em dez anos (1990 a 2000).

O setor de energia brasileiro sofre com deficiências de planejamento, falta de investimentos e dificuldades em criar um ambiente regulatório com regras estáveis o suficiente para atrair novos empreendimentos. As deficiências são evidentes tanto na capacidade de geração de eletricidade quanto nas interligações da rede nacional de distribuição.

Como o custo de energia elétrica compõe o chamado Custo Brasil, configura-se como um entrave à competitividade da indústria brasileira. O país possui uma das tarifas de energia mais caras do mundo, que penaliza a capacidade competitiva da indústria nacional. Um estudo elaborado em 2011 pela Federação das Indústrias do Rio de Janeiro (Firjan) aponta que a tarifa industrial de consumo de energia atinge R$ 329 por MWh, valor 53% superior à média global. Na Alemanha, a tarifa é de R$ 213; na Índia, 188; na China, 142; nos Estados Unidos, 117; e na Rússia, 91.

Em 2004, houve uma mudança no setor elétrico, que teve como objetivos principais garantir a segurança no suprimento, promover a modicidade tarifária e promover a inserção social, em particular por programas de universalização do acesso como o Programa Nacional de Universalização do Acesso e Uso da Energia Elétrica (Luz para Todos).

Uma das principais alterações promovidas em 2004 foi a substituição do critério utilizado para concessão de novos empreendimentos de geração de energia. Até então, as concorrências ou os leilões eram vencidos pelo maior valor oferecido pela outorga (Uso do Bem Público). Passou a vencer os leilões o investidor que oferecesse o menor preço para a venda da produção das futuras usinas.

O patamar elevado de tarifas de eletricidade ocorreu, entre outros motivos, pela elevação de preços das tarifas de eletricidade superior à inflação. Em levantamento feito pelo Departamento Intersindical de Estatística e Estudos Socioeconômicos (Dieese), a pedido do jornal *Folha de S.Paulo*, entre os anos de 1997 e 2011, a inflação medida pelo Índice de Preços ao Consumidor Amplo (IPCA) foi de 136,1%, e o aumento médio de tarifas de energia, de 240,1%.

Somente a partir de 2008 as tarifas de eletricidade começaram a ser reajustadas abaixo da inflação oficial.

De acordo com a Aneel, a somatória da tarifa elétrica proveniente de contas de energia de geração, transmissão e distribuição (GTD) representa, aproximadamente, 63% do valor final da tarifa, enquanto os padrões internacionais estão em cerca de 30%. Desses 63%, metade é do setor de geração, os restantes 37% são os impostos sobre Operações Relativas à Circulação de Mercadorias e Prestação de Serviços (ICMS) e PIS/Cofins (26%) e vários encargos setoriais (11%).

O governo federal iniciou um processo de redução de tarifas de energia elétrica no início de 2013 e o montante de redução aos consumidores atingiu em média 20%. A conta foi paga principalmente pelo próprio governo, por meio de renúncia de alguns encargos cobrados na conta de energia. Mas, Estados, empresas geradoras e companhias transmissoras também pagaram a conta.

Os reajustes anuais aplicados a todas as concessionárias de distribuição brasileiras são tecnicamente calculados pela Aneel. Os custos das distribuidoras sofrem reajuste com base na inflação dos últimos 12 meses, menos um fator que transfere para os consumidores os ganhos de produtividade obtidos pelas concessionárias.

Já para os custos que não são gerenciáveis pelas concessionárias (geração e transmissão de energia, tributos e encargos), repassam-se, anualmente, reajustes com base em custos efetivamente observados. Como o governo federal antecipou concessões por preços menores e reduziu a tarifa de energia, terá de subsidiar tarifas das empresas que não aceitaram o corte.

Tudo ocorre como em 1993, quando um represamento artificial de tarifas de energia elétrica provocou um cenário de sucateamento e de total colapso econômico-financeiro do setor, que requereu uma injeção de US$ 23 bilhões do Tesouro Nacional.

Alguns encargos já deveriam ter sido eliminados, pois os motivos de sua criação há muito haviam sido superados, como os encargos do Programa Luz para Todos, criados para subvencionar a instalação de energia para população de baixa renda. Dentre esses encargos, estão a Conta de Desenvolvimento Energético (CDE) e a Reserva Global de Reversão (RGR).

A CDE, criada em 26 de abril de 2002, pela Lei nº 10.438, é gerida pela Eletrobras, cumprindo programação determinada pelo MME. É destinada à promoção do desenvolvimento energético dos Estados, a projetos de universalização dos serviços de energia elétrica, ao programa de subvenção aos consumidores de baixa renda e à expansão da malha de gás natural para o atendimento dos Estados que ainda não possuem rede canalizada. Os recursos desse fundo setorial também são utilizados para garantir a competitividade da energia produzida a partir de fontes alternativas (eólica, PCH e biomassa) e do carvão mineral nacional.

A RGR criada em 1957, pelo Decreto nº 41.019, é utilizada para financiar o Programa Luz para Todos, além de projetos de eficiência energética, no âmbito do Programa Nacional de Conservação de Energia Elétrica (Procel). Os aportes da RGR também são direcionados a obras de melhoria e expansão do sistema elétrico nas áreas de geração, transmissão e distribuição de energia e para indenizar concessionárias em caso de suspensão de contratos. A Eletrobras atua como intermediária entre o fundo e o tomador de recursos.

Outro encargo denomina-se Conta de Consumo de Combustíveis (CCC), alterado pela Lei nº 12.111/2009. Criado na década de 1970, passou a ter a finalidade de reembolsar parte do custo total de geração para atendimento ao serviço público de energia elétrica nos sistemas isolados do país. Um considerável montante foi utilizado para possibilitar a compra de combustíveis para usinas termoelétricas da região Norte.

Todos esses encargos podem ser revistos, e o processo de redução de tarifas é necessário e deve ser intensificado por meio de cortes nos preços de GTD, dos impostos e dos encargos. Já a possibilidade de continuar com o processo de redução estrutural das tarifas de energia deve ocorrer com a aproximação do vencimento de numerosas concessões no setor elétrico.

Entre 2015 e 2017, vencem concessões de cerca de 20% do parque gerador nacional, 67% do sistema de transmissão e 36% da área de distribuição. Mas o governo brasileiro sinalizou que não pretende fazer mais baixas tarifárias significativas, para preservar a capacidade de investimentos das empresas geradoras, principalmente a Eletrobras. Para se adequar ao novo cenário de preços mais baixos, as empresas terão de buscar redução de custos e maior eficiência operacional.

Ainda hoje, as reservas de carvão são a principal fonte primária para a geração de energia elétrica no mundo. Considerando que o nosso país é relativamente pobre em reservas de carvão e que há grande possibilidade de restrições ambientais à exploração do potencial hidrelétrico ainda remanescente, em particular na região amazônica, poucas alternativas sobram ao Brasil. Sendo assim, restam as usinas termoelétricas, nucleares e energia da biomassa.

Em relação às energias eólica e solar, ainda há um longo caminho a trilhar, em função de problemas de escala, de custos e da intermitência dessas fontes. A energia das marés e a produção de energia pela queima do lixo urbano para gerar metano ainda têm desenvolvimento incipiente; a geotérmica, pouca disponibilidade no país.

O fato é que, por constatação histórica, uma nova fonte de energia nunca substitui por completo outra, e sim complementa uma miríade de fontes de uma matriz energética ao longo de muitos anos (Tabela 8).

Tabela 8 Evolução do consumo mundial de energia primária por fonte*

ANO	CARVÃO	PETRÓLEO	GÁS NATURAL	ELETRICIDADE PRIMÁRIA	TOTAL COMERCIAL	MADEIRA E OUTROS	TOTAL
1700	3	-	-	-	3	144	147
1750	5	-	-	-	5	180	185
1800	11	-	-		11	217	228
1850	48	-	-	-	48	288	336
1900	506	20	7	1	534	429	963
1950	971	497	156	29	1.653	495	2.148
1973	1.563	2.688	989	131	5.371	670	6.041
1989	1.226	3.095	1.652	350	7.363	744	8.107

* Tonelada equivalente de petróleo – TEP.

Fonte: Martin, 1990.

Termoelétricas: energia suja, cara, porém segura

Usinas termoelétricas são instalações em que a energia química contida em combustíveis fósseis (sólidos, líquidos ou gasosos) é convertida em energia elétrica. A produção de energia elétrica ocorre por meio de geradores acoplados às máquinas térmicas (motores ou turbinas). Essas máquinas obtêm a energia mecânica para movimentar os geradores a partir da combustão de uma fonte de calor, que pode ser carvão mineral, óleo combustível, gás natural, resíduos industriais e biomassa. Dessa forma, poluem mais o ambiente que as hidrelétricas.

As termoelétricas são fontes mais seguras, não dependem de chuvas e têm rito de aprovação e implantação sem grandes obstáculos. Ao mesmo tempo em que novas hidrelétricas são planejadas e construídas, novas concessões de usinas termoelétricas são leiloadas para manter a segurança do sistema ante novos apagões. Mas o custo de produzir energia por meio de usinas termoelétricas é mais caro que o custo das hidrelétricas.

É atribuição do ONS determinar quando e quais usinas termoelétricas deverão operar ou ficar inoperantes, com base na demanda regional e nos custos de operação. Esse movimento propicia um equilíbrio entre fontes menos poluentes e de geração mais barata, como as hidrelétricas.

Nas últimas duas décadas, ou seja, desde meados de 1995, os sucessivos governos brasileiros têm incentivado cada vez mais leilões de usinas termoelétricas, como forma de evitar que o país sofra apagões como os ocorridos em 2001, quando a população reduziu o consumo de energia elétrica em torno de 20%, face à elevação das tarifas.

Quanto maior o crescimento econômico do país, maiores as chances de uma usina termoelétrica ser ativada. Por outro lado, quanto maior o volume de chuvas na região da usina, menores são essas chances. Dados da Empresa de Pesquisa Energética (EPE) e da Aneel indicam que existirão 81 usinas térmicas até 2017.

Muitas vezes, as usinas termoelétricas de concessão pública são construídas para serem mantidas principalmente como capacidade disponível e são demandadas a operar apenas quando o sistema hidrelétrico está próximo do seu limite de capacidade ou ocioso por falta de chuvas. Para atender a essa necessidade, o governo faz leilões de concessão, a empresa vencedora leva cerca de 3 anos para entrar em operação e recebe concessão de, em média, 15 anos, a contar do primeiro ano de operação.

Uma vez construída a usina termoelétrica, é possível que fique inativa durante boa parte do período de concessão, sendo chamada a operar apenas quando o sistema hidrelétrico estiver próximo do limite de geração. Uma determinada termoelétrica pode ser chamada a operar em função de sua localização; fatores como demanda e expectativa de crescimento econômico do país; potencial de chuvas da região; e estoque de usinas termoelétricas prontas a operar.

A remuneração das concessões de usinas termoelétricas é dividida em uma parcela fixa e em outra variável. A parcela fixa é paga anualmente e serve para remunerar a concessionária por estar disponível para operar a qualquer momento. A segunda parcela, variável, busca ressarcir a concessionária por seus custos de operação e é paga apenas quando a concessionária está operante.

Essa remuneração é calculada com base na energia fornecida (R$ por MWh), definida previamente quando da concessão da usina, e não sofre variações em função dos preços de mercado de energia elétrica. Mesmo que o preço no mercado à vista (*spot*) esteja mais alto do que a parcela variável que a concessionária tem direito a receber, ela receberá apenas o valor da parcela variável previamente combinado. Como a parcela variável é normalmente baixa e não remunera adequadamente os custos envolvidos na operação da usina, a viabilidade das concessões torna-se bastante dependente da probabilidade de a usina ser chamada a operar.

A comercialização de energia elétrica nos mercados à vista e futuro no Brasil é feita pela Câmara de Comercialização de Energia Elétrica (CCEE), criada em 2004, com o objetivo de centralizar os contratos de compra e venda de energia elétrica. Com base nos contratos negociados na CCEE, é possível determinar o preço *spot* de energia que, por sua vez, é determinante para identificar a probabilidade de operação de uma termoelétrica.

O preço *spot* é referenciado no Preço de Liquidação das Diferenças (PLD), determinado pelo ONS, e utilizado como critério para definir a ativação das termoelétricas. Quando o preço *spot* está maior do que o custo de operação da usina, a usina, possivelmente, será chamada a operar, já que sua operação fornecerá energia ao mercado a preços menores do que o custo marginal no qual a energia está sendo negociada no curto prazo.

Uma usina termoelétrica pode também operar por conta própria e vender a energia no mercado à vista, em função do contrato de concessão, e desde que não afete sua capacidade de fornecer a energia demandada pelo ONS, quando requisitada.

O custo das térmicas que tiveram de ficar ligadas mais tempo que o normal em 2012 criou muitas distorções e aumento de custos. As distribuidoras passaram a comprar grandes quantidades de energia no mercado à vista, no qual o preço oscila de acordo com a oferta e a demanda.

Como os reservatórios constatavam baixos níveis de água e as térmicas, em sua maioria, estiveram ligadas na maior parte do ano de 2012, o preço da energia à vista foi às alturas. Em janeiro de 2013, na média, o MWh chegou a R$ 414, valor próximo ao da véspera do racionamento de 2001. Já em janeiro de 2014, o MWh custava menos de R$ 250, mas chegou a estrondosos R$ 822 no início de fevereiro de 2014. Este é o valor-teto estipulado pelo governo federal, ou seja, as distribuidoras compram energia por esse preço e a revendem por R$ 100. Esse custo, um dia, será repassado aos consumidores por meio de contas de luz ou recursos do tesouro.

Também em razão do baixo nível dos reservatórios, a balança comercial brasileira foi prejudicada em função do acionamento de usinas térmicas a óleo diesel. Em março de 2014, o nível dos reservatórios do sistema Sudeste/Centro-Oeste do país estava em 34,63%, um dos piores níveis desde 2001 (ano do racionamento de energia).

As importações de óleo diesel aumentaram em 40% na passagem de dezembro de 2013 para janeiro de 2014, mês em que as termoelétricas movidas a óleo diesel começaram a ser acionadas. A fatia porcentual das térmicas a óleo combustível e diesel na matriz de geração de energia aumentou praticamente quatro vezes de 2011 para 2013.

De acordo com a Associação Brasileira de Distribuidores de Energia Elétrica (Abradee), cada mês em que as usinas termoelétricas estão em plena operação significa um ponto percentual de aumento na conta de luz, o qual, via de regra, é repassado aos consumidores. Portanto, usinas termoelétricas só devem ser acionadas em casos extremos, pois, além de produzirem energia elétrica a custos elevados, poluem mais o meio ambiente que as hidrelétricas, como explicado no primeiro parágrafo deste item.

Um setor energizado pela ineficiência

A situação crítica de abastecimento de energia elétrica provoca desconfianças quanto ao funcionamento do setor elétrico e, certamente, não é consequência apenas da falta de chuvas. Desde a década de 1970, houve significativo aumento do consumo de água em função do crescimento populacional, das necessidades de irrigação da agricultura e de maiores usos industriais.

Como não ocorreu aumento proporcional na capacidade de armazenamento dos reservatórios das usinas hidrelétricas, há um crescente déficit de águas. A vazão dos rios tem de atender a uma demanda cada vez maior de usos não energéticos e aí surge a incompetência crônica da gestão pública brasileira.

Poucos brasileiros têm conhecimento suficiente para entender a complexidade da causa energética do país, um tema estratégico, cujo planejamento tem baixa participação popular. O sistema político nacional não permite formas razoáveis de maior engajamento.

No governo do presidente Fernando Henrique Cardoso, criou-se o Conselho Nacional de Política Energética, do qual participam dez ministros, um representante acadêmico e um da sociedade civil. No governo Lula, o processo esgotou-se e esse conselho tornou-se apenas um órgão de homologação de decisões do governo.

As decisões de política energética, uma área estratégica de governança de Estado, vêm de cima para baixo, em processos lentos, burocráticos e com forte viés político, em detrimento de critérios técnicos. Os critérios e a sistemática dos leilões de energia em que se definem cotas, regionalidade e características das fontes são pouco compreensíveis e raramente fortalecem energias renováveis. Atrasos frequentes de obras em todos os setores do estratégico mercado eletroenergético brasileiro reforçam a imagem de ineficiência das estatais.

As alegações mais frequentes dos envolvidos destacam a falta de mão de obra qualificada, as dificuldades em obter licenças ambientais e relatórios do Instituto do Patrimônio Histórico e Artístico Nacional (Iphan), a ineficiência de fiscalização da qualidade do serviço das empresas concessionárias, a dependência de usinas térmicas, entre outros fatores.

Em setembro de 2012, aproximadamente 6 milhões de pessoas ficaram sem luz em todo o Nordeste e parte do Norte após a explosão de um reator. Em outubro do mesmo ano, um curto-circuito em um transformador na usina Furnas deixou às escuras as regiões Sul, Sudeste e Centro-Oeste, além do Acre e de Rondônia. Dias depois, um apagão atingiu a região Nordeste e parte da região Norte. Em dezembro de 2012, 12 Estados ficaram no escuro. Em agosto de 2013, todo o Nordeste do país ficou um dia inteiro sem energia por um incêndio no interior do Piauí que danificou linhas de transmissão. Em 4 de fevereiro de 2014, ocorreu o décimo grande apagão na gestão da presidente Dilma Rousseff, quando cerca de 6 milhões de pessoas em 13 Estados e no Distrito Federal ficaram sem energia por horas. Uma falha no sistema elétrico interrompeu parte da transmissão de energia entre o Norte e o Sudeste do país.

A fiscalização do MME em 36 subestações de energia do país apontou as principais falhas do sistema elétrico brasileiro e as principais causas dos grandes apagões que deixam um rastro de prejuízos e insegurança à população.

As conclusões apontam que, dentre mais de 6,3 mil itens, cerca de 11% precisam ser corrigidos para evitar falhas no sistema. Há aparelhos com desempenho fora do padrão, o que representa risco de segurança; o mapa da construção das subestações está desatualizado e pode gerar erro de comando; e o principal problema é que os equipamentos estão ultrapassados – alguns são da década de 1970, justamente os dispositivos de segurança que isolam as falhas na rede para evitar queda de luz.

Quando se decide, por exemplo, construir uma usina do porte de Belo Monte, parece que pouco importam os estudos que indicam sérios problemas técnicos, econômicos e financeiros – sem considerar os impactos ambientais, sociais e culturais. O importante é o uso de recursos públicos para executar obras durante o maior período possível – 5 a 7 anos – com objetivos de usufruir e perpetuar-se no poder. A seguir, veremos cinco exemplos de desmandos e de ausência de gestão governamental integrada do setor eletroenergético brasileiro.

O primeiro exemplo é a usina de Belo Monte, multada pelo Instituto Brasileiro do Meio Ambiente e dos Recursos Naturais Renováveis (Ibama) por descumprir condicionantes de execução da obra. Projetada para custar US$ 2,3 bilhões, já custava US$ 9,7 bilhões quando se realizou o leilão de sua energia, com custo projetado de geração de US$ 40 por MWh. Esse valor não remunera o capital investido, e muitas empresas abandonaram o empreendimento, que foi absorvido por um consórcio composto em 50% por Eletrobras e Eletronorte, e a metade restante, por grandes empreiteiras.

Atualmente, a obra está estimada em US$ 13,3 bilhões, mas há projeções de custo final em torno de US$ 16,3 bilhões. Esse valor será financiado em cerca de 80% por fundos públicos do BNDES. Ao final, ter-se-á uma geradora de energia com capacidade total instalada de 11,2 mil MW, mas que, por ser construída a fio d'água e em decorrência das características do fluxo hidrológico do rio Xingu, só terá plena carga em quatro dos 12 meses do ano, com média anual prevista de 4,3 mil MW, ou apenas 38% de sua capacidade.

O segundo exemplo é da região Norte do país: a usina São Manoel, com capacidade projetada para 700 MW, a ser construída no rio Teles Pires, divisa dos Estados de Mato Grosso e Pará. A nova usina, orçada em US$ 1 bilhão, passou por todas as etapas de planejamento, mas seu processo de licenciamento ambiental encontra-se incompetentemente inativo no Ibama.

O governo brasileiro abortou seus planos de retomada da liberação da usina São Manoel para leilão por causa de uma série de protestos indígenas, que consideram um trecho do rio, denominado Sete Quedas, como de valor sagrado. São Manoel, projetada pela EPE para entrar em operação em 2015, deve estar pronta somente em 2018, dependendo da boa vontade política governamental.

O terceiro exemplo é também na região Norte do país, área de jurisdição da Amazonas Energia, distribuidora do grupo Eletrobras, um caso de total dissintonia entre os diversos agentes do setor energético. Essa distribuidora é a número 23 no *ranking* de eficiência de fornecimento, em uma lista de 35 distribuidoras, em virtude do inaceitável número de apagões. Furnas e Chesf também estão em situação parecida e foram proibidas pela Aneel de encabeçar consórcios nos leilões do setor, porque têm 230 pendências, e atrasaram mais de 80 projetos.

Na área coberta pela Amazonas Energia, viabilizou-se uma obra grandiosa: a linha de transmissão Tucuruí-Macapá-Manaus, projetada para conectar Manaus ao SIN. São 3.351 torres com, aproximadamente, 295 m de altura cada uma, o equivalente a um prédio com cem andares, que atravessam quase 1,8 mil km de selva, ao custo de US$ 1,75 bilhão. A principal vantagem desse sistema é poder gerenciar o balanço de fornecimento de energia no país em função do nível dos reservatórios das hidrelétricas.

Sem a conexão a esse sistema, Manaus era obrigada a gerar sua própria energia, por meio de usinas termoelétricas majoritariamente acionadas por diesel. Essa operação, para satisfazer um consumo que representava 60% do total da energia produzida pelos sistemas isolados no país, resultava em um gasto anual do Tesouro Nacional de cerca de US$ 950 milhões.

Oficialmente, a conexão da linha com o SIN ocorreu em 9 de julho de 2013, mas, na prática, a obra foi entregue parcialmente. A Amazonas Energia atrasou a sua parte das obras, concluiu apenas uma das cinco subestações projetadas e não entregou nenhuma das quatro linhas de transmissão. Desde a licitação até a conexão, a instalação do linhão levou cinco anos, três a mais do que o previsto. Nesse meio-tempo, a distribuidora ficou ociosa e, por causa do atraso, só 10% da capacidade da linha foi liberada para uso.

Tendo em vista que o abastecimento de energia da região Norte oficialmente deixou de ser isolado do resto do país, criou-se um impasse financeiro: os R$ 2 bilhões gastos com a compra do combustível das 27 termoelétricas da região não podem mais ser subsidiados pela CCC, fundo pago por todos os brasileiros e que subsidia os custos de geração de energia termoelétrica em sistemas isolados.

Esse gasto deveria ser pago pelos consumidores locais e, em decorrência do mercado diminuto, o custo poderia chegar a R$ 70 MW/h. Significa um custo adicional na conta de luz de R$ 15 a R$ 20 por mês, rombo a ser repassado aos consumidores locais ou ser coberto pelo Tesouro Nacional.

O quarto exemplo é da Eletrobras, empresa mal gerida e ineficiente. Está com margem operacional em queda desde 2003. Em 2012, suas despesas administrativas superaram em 6% as receitas, o que resultou em um prejuízo de R$ 6,9 bilhões.

A composição de sua estrutura já expõe graves problemas: cada uma das empresas controladas, como Chesf, Eletronorte, Furnas, Eletrosul e Eletronuclear, tem seus próprios departamentos de geração, distribuição e transmissão. Essa sobreposição de atividades e cargos dá espaço para uma infinidade de indicações políticas e faz de companhias aliadas, concorrentes.

A empresa prepara um choque de gestão por meio de um plano de negócios que prevê realizar, até 2017, investimentos de R$ 52,4 bilhões em geração, transmissão e distribuição de energia. Para isso, há um projeto de reformas e melhoria na administração, que presume, em três anos, um corte de 30% no custeio. As reformas devem incluir também um corte de cerca de 20% no quadro de pessoal de 27 mil funcionários, a venda do controle de seis distribuidoras de energia e a antecipação da renovação de concessões. Se tudo der certo, os resultados só aparecerão em 2015.

Como quinto exemplo, a usina Santo Antônio, no rio Madeira, já concluiu a primeira de suas 44 turbinas em 2012, mas, por falta de linhas de transmissão, não consegue fazer sua energia chegar aos grandes centros consumidores. É o mesmo problema do complexo eólico de Caetité, na Bahia, o maior da América Latina.

Como se já não bastassem esses cinco exemplos caóticos de gestão, há outro aspecto pouco considerado em políticas energéticas do Brasil: a maneira como é formada a base de consumo de energia. Existem seis setores industriais que consomem, aproximadamente, 30% de toda a energia elétrica produzida no país.

São atividades industriais eletrointensivas caracterizadas por consumir quantidades enormes de energia elétrica para cada unidade física produzida. Estão presentes nas indústrias de cimento, siderúrgicas (ferro-gusa e aço), ferroligas, não ferrosos (alumínio e silício), química, papel e celulose. Por volta de 8% da energia elétrica consumida no Brasil é exportada em forma de produtos como minério de ferro, alumínio, papel e celulose. Veja, na Tabela 9, a quantidade de energia gasta por determinados produtos no país.

O Brasil faz um esforço brutal para gerar energia e grande parte dela é utilizada de forma intensiva por essas poucas indústrias, que, na realidade, enviam sua produção para fora do país. Os setores de cimento e químico produzem, basicamente, para o mercado interno. No entanto, os setores de aço, alumínio, ferro e celulose estão voltados ao mercado externo. Exportação pobre, em forma de produtos industriais primários, que agrega valores e *expertise* mínima à cadeia produtiva, é atividade que degrada o

Tabela 9 Consumo de energia na produção de alguns produtos

PRODUTOS	KWH/TONELADA
Minério de ferro	50
Aço	550
Ferroligas	7.260
Alumínio	15.200
Celulose	890
Papel	700

Fonte: MME/SGM, 2009; Bracelpa, 2013.

meio ambiente, gera poucos empregos e freia a economia do país. Observe, na Tabela 10, dados sobre a exportação de produtos primários no Brasil na década passada.

Países desenvolvidos adotaram estratégias mais inteligentes no uso de energia. Na década de 1980, o Japão produzia 1,6 milhão de toneladas de alumínio (o Brasil produz 1,7 milhão). Após debates com a sociedade, fechou quase todas as suas usinas de alumínio e, atualmente, produz apenas 30 mil toneladas do produto. O Japão importa esse insumo primário de outras nações, transforma em produtos de alto valor agregado, como *chips* de computadores, e os exporta. Diminui a demanda por energia e mantém o crescimento da economia, sem causar grandes danos ambientais e sociais. A Alemanha, país de clima temperado, possui 30 mil MW de energia solar e outros 30 mil MW de energia eólica. Portugal é abastecido em cerca de 60% de seu consumo por energia eólica.

O Brasil caminha no sentido oposto, com a crescente primarização de sua economia. Exporta a tonelada de alumínio a US$ 1,5 mil,

Tabela 10 Evolução da produção e da exportação de produtos primários selecionados no Brasil: 2000 a 2008

	PRODUÇÃO (MIL TONELADAS)		EXPORTAÇÃO (MIL TONELADAS)	
PRODUTOS	2000	2008	2000	2008
Minério de ferro	212.576	319.000	116.630	232.000
Aço	27.865	33.716	9.617	9.290
Ferroligas	903	984	534	358
Alumínio	1.277	1.661	760	748
Celulose	7.463	12.697	3.155	6.892
Papel	7.200	9.410	1.332	1.757

Fonte: MME/SGM, 2009; Bracelpa, 2013.

enquanto, no seu mercado de construção, há falta de esquadrias de alumínio, o que obriga o país a importar esse produto a US$ 3 mil a tonelada, um completo contrassenso. O Brasil tem de entrar na rota sustentável de políticas econômicas de longo prazo que priorizem cadeias produtivas de alto valor agregado e baixo conteúdo de energia. A Tabela 11 traz alguns dados sobre a distribuição do consumo de eletricidade no país.

O crescimento de consumo pode também ser atendido pelo uso mais eficiente dos equipamentos elétricos. Uma lâmpada incandescente que possua 3% de eficiência energética, quando alimentada por uma termoelétrica movida a carvão com eficiência média de 33% (média dos Estados Unidos), apresenta, como resultado da conversão de energia em luz, apenas 1%. Inaceitável.

Tabela 11 Evolução da distribuição do consumo de eletricidade no Brasil: 2000 a 2008

SETORES	CONSUMO DE ELETRICIDADE (EM %)	
	2000	2008
Energético	3,1	4,3
Mineração	2,2	2,6
Agropecuário	3,9	4,3
Indústria pesada	27,5	28,6
Indústria leve	16,7	17,4
Transporte	0,4	0,4
Residencial	25,2	22,3
Comércio/serviços	14,3	14,6
Público	8,8	8,0
Total geral (em TWh)	331,6	428,3

Fonte: MME, 2012.

Já uma lâmpada LED (*light emitting diode*), alimentada por uma turbina a gás natural eficiente, converte 20% da energia total em luz, ou seja, 20 vezes mais que uma lâmpada incandescente. Assim mesmo, vê-se a quantidade absurda de energia desperdiçada em ambos os casos. Estudos feitos pela World Wide Life Fund (WWF) e pela Universidade Estadual de Campinas (Unicamp) apontam que o Brasil tem possibilidades de utilizar apenas metade da energia que consome sem nenhum prejuízo ao país.

Pode-se economizar 30% com conservação e eficiência energética, tal como se fez no apagão de 2001; 10% com ganhos nas linhas de transmissão, que hoje perdem entre 15 e 17% da energia que transmitem (o Japão perde somente 1%); e 10% ao repotenciar geradores antigos de usinas com baixo rendimento, a custos menores que o da construção de novas hidrelétricas. Há possibilidade também de incorporar à oferta energética unidades geradoras ainda não instaladas em usinas já prontas.

Há, no entanto, uma questão estrutural que carece de decisões estratégicas: como atender ao aumento de demanda energética por conta do desenvolvimento econômico do país, incrementando a participação de fontes limpas, renováveis, seguras, baratas e acessíveis. Nesse cenário, o poder público é, necessariamente, o protagonista da condução dos rumos do setor energético, especialmente em relação à postura que irá adotar para romper barreiras e dirimir conflitos entre os vários agentes que atuam nesse mercado.

De 2001, ano do racionamento, até 2013, o crescimento da capacidade instalada em usinas de geração de energia elétrica do Brasil foi 43% maior que o consumo no mesmo período. De 2007 a 2013, as redes de transmissão brasileiras expandiram-se cerca de 28%, passando de 91,3 mil km para 116,8 mil km. No entanto, para haver maior eficiência e confiabilidade, é necessário também investir em tecnologia, manutenção e segurança. O problema é que esses investimentos teriam de ser no atual sistema elétrico, que foi construído, em sua maior parte, na década de 1980, utilizando a tecnologia externa das décadas de 1950 a 1960.

A EPE prevê que o setor de energia elétrica será responsável por R$ 269 bilhões em investimentos até 2021, sendo R$ 213 bilhões em geração e R$ 56 bilhões em transmissão. Estima-se que a capacidade de geração elétrica crescerá 57% até 2021, passando de 116,5 GW em 2011, para 182,4 GW. Quanto às fontes a serem exploradas, a EPE presume, até 2020, que o país continue dependente de energia hidráulica. Confira mais dados na Tabela 12.

Tabela 12 Expansão planejada para a geração de energia elétrica no Brasil

	2010 [a]	2015	2020	1º QUINQUÊNIO		2º QUINQUÊNIO		TOTAL	
				>*	%	>*	%	>*	%
Capacidade instalada em GW [b]	109,6	140,9	171,1	31,3	29	30,2	21	61,5	56
Hidráulica [c]	82,9	94,1	115,1	11,2	14	21,0	22	32,2	39
Nuclear	2,0	2,0	3,4	0	0	1,4	70	1,4	70
Térmica [d]	15,5	25,0	25,5	10,0	65	0	0	10,0	65
PCH + biomassa + eólica	9,1	19,3	27,1	10,2	112	7,8	40	18,0	198

Fonte: MME; EPE, 2011.

* Incremento. (a) Valores se referem a instalações da rede do SIN, incluindo subestações de fronteira com a rede de distribuição. (b) Geração elétrica no SIN – não abrange as instalações dos sistemas isolados e a capacidade instalada nos pontos de consumo (autoprodução). Os valores da tabela indicam a potência instalada em dezembro de cada ano, considerando a motorização de usinas. (c) Inclui as parcelas nacional e importada da geração da Usina de Itaipu. (d) Contempla a geração de gás natural e de carvão.

A busca incansável pelo controle da inflação e por recursos extras invariavelmente conduz o governo federal a tomar medidas incoerentes no setor energético. Não se traça um cenário adequado de avaliação plena das consequências; remenda-se, frequentemente, o cabedal legal e de precificação, o que acaba por desconfigurar o marco regulatório.

As empresas do setor eletroenergético estrangulam seus custos e sofrem com instabilidades constantes que dificultam processos de planejamento e investimento. O marco regulatório resultante é instável, gera insegurança, enfraquece as empresas, cria conflitos constantes entre as partes e pode conduzir a processos judiciários intermináveis.

O maior problema da economia brasileira é o imenso déficit em infraestrutura: transportes (rodovias, ferrovias, hidrovias), mobilidade urbana, portos, aeroportos, educação, saúde, telecomunicações, saneamento básico, água e energia. Há uma notória e histórica ausência de capacitação pública na gestão dos investimentos a fim de viabilizar bons projetos que produzam reais benefícios para a população.

O Brasil está entre os dez países do globo em que o governo menos investe em proporção ao PIB, mesmo com a maior carga tributária entre os países em desenvolvimento. Portanto, não há falta de recursos públicos para investimento, mas inépcia com falta de projetos, de planejamento estratégico, de gestão e de prioridades.

Para ser sustentável, o planejamento e a gestão do setor energético têm de se cercar de decisões transparentes e democráticas em prazos de 20 ou mais anos. Faz-se necessária uma abordagem holística, com integração de aspectos econômicos, técnicos, sociais, culturais, políticos e ambientais, em ambientes desburocratizados.

Ações devem ser empreendidas na direção de construir matrizes energéticas limpas, renováveis e seguras. É preciso buscar redução da pobreza e ampliação do acesso a energia e água para as camadas sociais menos favorecidas. É preciso também contemplar os impactos ambientais na produção e no uso da energia, em especial as emissões de gases de efeito estufa e seus efeitos sobre o clima.

Programas de eficiência energética e de economia de energia têm de ser postos em discussão com afinco. Deve-se aumentar o volume de informações para escolhas mais inteligentes. A sociedade organizada tem de ser protagonista do futuro que quer construir. Um longo e energizado caminho a trilhar.

3

Impactos provocados por usinas hidrelétricas

A água que não corre forma um pântano;
a mente que não trabalha forma um tolo.
VICTOR HUGO

AS MÚLTIPLAS FUNÇÕES ECOLÓGICAS E OS SERVIÇOS ambientais prestados, gratuitamente, por cursos d'água são inúmeros e valiosos. Um rio não é um simples canal de água, é um rico ecossistema moldado ao longo de milhões de anos, com ritmos próprios de composição e decomposição. Verdadeiros corredores de biodiversidade fornecem água, ar puro, alimentos, terras férteis, equilíbrio climático, fármacos animais e vegetais, recreação, turismo ecológico, entre outros tantos serviços.

Os sistemas hídricos propiciam também estocagem e limpeza de água, recarga do lençol freático, regulagem dos ciclos biogeoquímicos, estocagem de carbono e *habitat* para inúmeras espécies, endêmicas ou não. Fornecem ainda outros benefícios, como pesca, agricultura de subsistência, via de transporte e auxílio na pecuária extensiva. Mexer com essa diversidade ecossistêmica única, que propicia tantos serviços aos privilegiados que usufruem dessas benesses, provoca discórdias de difícil consenso.

A construção de reservatórios em cursos d'água para a geração de energia elétrica é um feito da engenharia, com estruturas imensas e reservatórios que represam volumes incomensuráveis de água. Cada projeto tem suas especificidades, mas, como toda obra de grande porte, provoca inúmeros impactos ambientais, sociais, econômicos e culturais que transformam as regiões onde se instalam. Determinados impactos são irreversíveis; outros impactos são corrigidos e/ou restaurados em virtude da capacidade de resiliência da natureza em conjunto com ações antrópicas positivas.

A população afetada por novas usinas tem uma impressão generalizada de que as regiões onde elas se implementam absorvem os impactos sociais, econômicos e ambientais associados à construção e à operação, enquanto os benefícios energéticos são distribuídos às demais regiões do país.

O bom-senso indica que o razoável é viabilizar projetos que, simultaneamente, produzam energia para o desenvolvimento econômico, com ampliação da oferta de empregos e melhoria da qualidade de vida da população e, ao mesmo tempo, proporcionem mínimos impactos socioambientais. É um paradoxo, um contrassenso, provocando discórdias e discussões sem fim.

Existe enorme dificuldade de participação popular no processo de tomada de decisão sobre a instalação ou não da obra. As informações apenas chegam para ser acatadas, por meio de lógicas do sistema capitalista que privilegiam o poder econômico. O envolvimento da sociedade nas questões que tratam a instalação hidrelétrica é limitado, quando não inexistente.

Mesmo quando há participação popular em processos decisórios, como no caso de comitês de bacias, a posição majoritária está, normalmente, em mãos de empreendedores ou do governo, o que compromete o caráter independente das decisões.

Alguns impactos só começaram a ser compreendidos na sua totalidade recentemente, em razão da emergência do pensamento ecológico, do reconhecimento das interações dos fenômenos físicos com o meio ambiente e a sociedade e do aprofundamento dos estudos científicos.

Todos os projetos hidrelétricos apresentam, em comum, problemas de intervenção na natureza e, principalmente, na vida das populações locais ribeirinhas. Tais constatações são hoje reconhecidas internacionalmente, e necessitam ser, cada vez mais, internalizadas nos processos de tomada de decisão e nos custos referentes à implantação de novos empreendimentos.

A definição de impacto ambiental, de acordo com a Resolução nº 01/1986 do Conselho Nacional do Meio Ambiente (Conama), significa qualquer alteração das propriedades físicas, químicas e biológicas do meio ambiente, causada por alguma forma de matéria ou energia resultante de atividades humanas, que, direta ou indiretamente, afetam a sociedade.

É necessário se ter claro que usinas hidrelétricas, que tanto têm permitido a expansão econômica e o progresso do bem-estar da sociedade humana, também têm faces obscuras que demandam constante monitoramento. No caso brasileiro, a precariedade conceitual empírica do Estudo de Impacto Ambiental (EIA) e do Relatório de Impacto Ambiental (RIMA) é real. Nesses estudos, é praxe a prática do "recorta e cola", relegando ao valor comum particularidades fundamentais da biodiversidade e das condições socioeconômicas locais.

Os estudos de impactos ambientais permitem que sejam analisadas, elaboradas e implantadas formas de minimizar impactos. As restrições ambientais são cada vez mais abrangentes, as organizações não governamentais estão cada vez mais atuantes, e as leis, mais rigorosas e punitivas.

Mesmo assim, há poucos quadros qualificados para análise e acompanhamento das demandas desses estudos, e há forte influência política em decisões que têm de ser técnicas. Nesse cenário, os empreendedores de novas usinas tendem a investir maiores recursos em pesquisas e medidas de mitigação de impactos.

Os técnicos que estudam os EIA e os RIMA, caso cometam erros crassos e concedam licenciamentos viciados, podem ser corresponsabilizados, até criminalmente, por seus atos. A Constituição Federal do Brasil de 1988, no parágrafo 3º do art. 255, relata que qualquer atividade que cause degradação ambiental sujeitará seus infratores, sejam eles pessoas físicas ou jurídicas, à obrigação de reparar o dano causado e a sanções penais, sem prejuízo das demais (sanções civis e administrativas).

Essa norma constitucional foi devidamente regulamentada pelo art. 3º da Lei nº 9.605/98, que consagra a figura da responsabilidade penal da pessoa jurídica em casos de crimes ambientais. Entretanto, a responsabilidade da pessoa jurídica não exclui a responsabilidade da pessoa física, sejam autoras, coautoras ou partícipes. Tendo em vista a dificuldade de penalizar a pessoa jurídica, admite-se a presunção de responsabilidade em relação àquele que detém o poder de direção, o dever de zelo, de informação e de vigilância.

Desse modo, é primordial conhecer a legislação ambiental, observar, zelar e acompanhar as atividades terceirizadas, além de pactuar contratos bem estruturados, com delimitação das obrigações e responsabilidades de cada uma das partes. Mesmo adotando tais medidas, não se elimina por completo eventual envolvimento em dano ambiental, mas, ao menos, restringirá e minimizará os riscos envolvidos.

Dependendo de quem e em que perspectiva são analisados os impactos provocados por hidrelétricas, eles podem ser contabilizados como positivos ou negativos. Dessa maneira, a hidreletricidade é um dos mais importantes paradigmas ou paradoxos da economia ambiental.

Impactos positivos

Visões reducionistas e radicais são incapazes de analisar novos projetos hidrelétricos, principalmente quando se deve levar em conta a melhoria da qualidade de vida da maioria. Quanto às minorias prejudicadas, faz-se necessário, dentro do possível, dar-lhes todas as condições de reconstituírem suas condições de vida originais. O mesmo vale para as questões ambientais, que têm tido, normalmente, um tratamento superficial em relação aos impactos que provocam. A seguir, são apresentados os principais pontos positivos desses empreendimentos:

1. A hidreletricidade é uma fonte renovável de energia. Utiliza a energia de água corrente para produzir eletricidade, sem, contudo, reduzir sua quantidade. Portanto, todos os empreendimentos hidrelétricos, de pequeno ou grande porte, a fio d'água ou de armazenamento, enquadram-se no conceito de fonte de energia renovável.
2. Usinas hidrelétricas acarretam aumento da densidade populacional. Uma grande quantidade de trabalhadores chega ao local para participar da sua construção e, depois de concluída essa etapa, continua no local para mantê-la em funcionamento. Há necessidade de se criar toda uma infraestrutura incremental para fornecer à nova população residências, escolas, hospitais, telecomunicação, energia elétrica e áreas de lazer. Esses eventos provocam um efeito multiplicador de crescimento da economia local.
3. Usinas hidrelétricas usam tecnologia conhecida e segura há mais de um século e sempre incorporam novas tecnologias para ter sobrevida e diminuir custos de operação e manutenção. Os seus impactos são bem compreendidos e administráveis, mediante medidas de mitigação e compensação de danos,

previstas no EIA e no RIMA. Caso esses estudos de impactos ambientais sejam elaborados em bases científicas, obedeçam a rígidas posturas legais e tenham gestão constante do concessionário, as hidrelétricas contribuem para o desenvolvimento sustentável.

4. A operação dos sistemas elétricos depende de fontes de geração rápidas e flexíveis para atender às demandas de pico, manter os níveis de tensão do sistema e restabelecer prontamente o fornecimento após um blecaute, condições essas atendidas pelas hidrelétricas.
5. Os reservatórios de acumulação oferecem flexibilidade operacional incomparável, já que podem responder, imediatamente, às flutuações de oferta e de demanda de eletricidade. A estabilidade, a flexibilidade e a capacidade de armazenamento dessas usinas possibilitam o emprego paralelo de fontes intermitentes de energia renovável, como energia solar e eólica.
6. A água dos rios é um recurso doméstico e, ao contrário dos combustíveis fósseis (carvão, petróleo e gás), não está sujeita a flutuações de mercado, o que proporciona segurança energética e estabilidade de preços.
7. Os reservatórios das usinas hidrelétricas armazenam água da chuva, que pode ser usada para consumo ou para irrigação. Ao armazenar e reter a água, eles protegem os aquíferos contra o esgotamento e reduzem a vulnerabilidade a inundações e secas.
8. O ciclo de vida da hidreletricidade produz quantidades muito pequenas de gases de efeito estufa (GEE). Ao emitir menos GEE que usinas movidas a gás, carvão ou petróleo, a hidreletricidade pode ajudar no combate às mudanças climáticas.
9. As usinas hidrelétricas não produzem poluentes do ar, pelo contrário, melhoram o ar que se respira. Muito frequentemente,

elas substituem a geração a partir de combustíveis fosseis, reduzindo, assim, a chuva ácida e a fumaça. Além disso, os empreendimentos hidrelétricos não geram subprodutos tóxicos.

10. Uma usina hidrelétrica possibilita usos múltiplos para o reservatório e, via de regra, cria possibilidade de recreação, turismo e melhora o bem-estar da população.
11. Com tempo médio de vida útil de 50 a 100 anos, os empreendimentos hidrelétricos são investimentos de longo prazo que podem beneficiar, com energia limpa, segura e barata, diversas gerações.
12. Usinas são estratégicas para manter a segurança energética de uma região. Os locais com o privilégio de poder construí-las possuem um diferencial fundamental para seu desenvolvimento. As grandes usinas recebem compensações financeiras para sanar possíveis danos ambientais provocados pela formação do reservatório da barragem.
13. Os locais em que se instalam hidrelétricas podem transformar-se em centros de referências: em desenvolvimento de tecnologia de ponta para o setor; na formação de mão de obra qualificada; em desenvolvimento de estudos e projetos de preservação da flora e da fauna locais; na implantação de programas de educação ambiental para a comunidade; e no fomento do turismo de lazer e ambiental, a exemplo do que ocorre com a usina de Itaipu.

Impactos negativos

Os impactos causados por usinas hidrelétricas são sempre motivo de acirrados debates e difícil consenso. Como praticamente qualquer atividade econômica, as hidrelétricas causam impactos negativos, principalmente ao meio ambiente. A grande questão dos cientistas é saber qual a real dimensão desses impactos e como eles podem ser amenizados, já que, entre as fontes energéticas atuais, a energia das águas é considerada fonte renovável e limpa. A seguir, estão descritos os principais pontos negativos desses empreendimentos:

1. Os primeiros impactos ambientais acontecem já na chegada da empresa construtora. A montagem do canteiro de obras transforma a economia local, com uso intensivo de materiais e energia, que provoca carestia nos preços dos materiais de construção e outros, prejudicando os moradores locais.
2. O aumento súbito da população que incorpora trabalhadores vindos de fora acarreta vários problemas, como acréscimo na produção de lixo e de esgoto sanitário, e aumento na circulação de máquinas pesadas que danificam as vias públicas e modificam as características do trânsito local. Os operários, na maioria das obras, são vítimas de condições de trabalho perigosas e insalubres, e acidentes e mortes durante a construção são significativos. Os barrageiros provocam o crescimento da violência urbana, com o incremento no consumo de álcool e de drogas. A chegada em massa de trabalhadores de outras praças para exercer suas atividades em outra terra propicia o aumento de gravidez, inclusive em adolescentes, atraem a prostituição e, com ela, as doenças sexualmente transmissíveis.
3. Antes do funcionamento de uma usina, é necessário desviar o curso do rio para formar um grande reservatório. A formação da represa afeta fortemente a composição e a população da fauna e da flora locais, pois, de uma hora para a outra, a floresta formada durante centenas de anos vira um lago. Muitas espécies acabam submersas e, consequentemente, morrem, criando uma espécie de limbo, o que compromete o funcionamento das turbinas.

Entre os cientistas, há um consenso de que as áreas marginais a corpos d'água sejam várzeas ou florestas ripárias (ciliares), são áreas insubstituíveis em razão da rica biodiversidade que ostentam e de seu alto grau de especialização e endemismo. Além disso, proporcionam serviços ecossistêmicos essenciais, como a regularização hidrológica na atenuação de cheias e vazantes, a estabilização de encostas contra erosões, a manutenção da população de polinizadores e de ictiofauna, o controle natural de pragas, de doenças e das espécies exóticas invasoras.

4. A implantação de hidrelétricas interfere, de forma irreversível, no microclima local, provocando alterações na temperatura, na umidade relativa do ar, na evaporação, além de afetar o ciclo pluvial. Um muro de contenção segura a água outrora corrente e sua regulação passa a ser feita pelo ser humano.

   O ecossistema *in natura*, com toda a sua rica biodiversidade, jamais será recomposto. As médias das temperaturas mais altas tendem a ter pequenas baixas enquanto as médias das temperaturas mais baixas tendem a ter ligeiras altas. A quantificação desses impactos ainda é incipiente dada a complexidade que envolve os estudos de mudanças climáticas e de ecossistemas.

5. Na hidrologia, a priorização para produzir energia cria dificuldades para permitir o uso múltiplo das águas, como irrigação, piscicultura e lazer. A barragem altera o fluxo lótico e a vazão do rio a jusante (abaixo), causando alargamento do leito original, aumento de profundidade e elevação do nível do lençol freático, criando pântanos.

   A pressão do peso da água represada pode provocar fortes deslocamentos de terra, prejudicar aquíferos e provocar sismos induzidos, principalmente em terrenos cársticos. Forma-se a montante (acima) uma nova margem que não tem a mesma resistência à água, o que causa erosão e perda de solo e de árvores, gerando o assoreamento, que afeta a capacidade do reservatório. As barragens impedem o fluxo natural de sedimentos ricos em nutrientes, que auxiliam na fertilização dos solos para produzir alimentos.

A interrupção brusca do fluxo normal do curso do rio provoca diversas mudanças na temperatura e na composição química da água, com consequências diretas na sua qualidade. A água do fundo de um reservatório de uma grande barragem normalmente é mais fria no verão e mais quente no inverno do que a água corrente do rio. Já a água da superfície do reservatório é mais quente do que a do rio praticamente em todas as estações. Essas mudanças de temperatura mudam os ciclos da vida aquática, como procriação e metamorfose.

A barreira necessária para viabilizar usinas tranca sua navegabilidade quase que de maneira irreversível e pode causar conflitos geopolíticos entre países usuários do mesmo rio. O Brasil tem 43 mil km de rios potencialmente navegáveis. O uso das águas para produzir energia permeou as decisões governamentais desde 1940 e criou obstáculos em rios navegáveis.

A usina de Tucuruí bloqueou o rio Tocantins, a usina de Itaipu bloqueou o rio Paraná e assim por diante. São Paulo também deslizou para esse caminho, interrompendo toda a possibilidade de navegação no rio Paranapanema, que, em um trecho de 929 km, possui 11 usinas hidrelétricas e inúmeros novos projetos. Há, no Estado de São Paulo, uma salvaguarda, o rio Tietê, que resultou na viabilização da hidrovia Tietê-Paraná, com 2,4 mil km.

Na Europa, a comparação entre os custos de transporte na hidrovia, na ferrovia e na rodovia obedece a relação 1:2:5. No Brasil, os transportes rodoviários representam 76% da matriz de modais de locomoção; em São Paulo, 80%. No entanto, nos Estados Unidos, país da indústria automobilística e das rodovias, somente 38% das cargas viajam de caminhão. O Brasil deve buscar eficiência em sua distribuição modal, ou seja, reduzir a dispendiosa carga rodoviária por meio do maior aparelhamento das hidrovias e das ferrovias.

6. Há emissões de GEE principalmente em hidrelétricas localizadas em áreas tropicais, por meio da decomposição de árvores acima da água (em áreas não desmatadas adequadamente antes de se encher os reservatórios), as quais emitem gás carbônico (CO_2).
7. Há liberação de gás metano (CH_4) na zona de deplecionamento (área do fundo do reservatório). Os reservatórios apresentam estratificação térmica, que causa formação da termoclina, localizada entre 2 e 3 m de profundidade. Abaixo da termoclina, a temperatura diminui, e a água abaixo dessa camada (hipolímnio) não se mistura com a água da superfície. A água do hipolímnio não tem oxigênio e, por isso, a vegetação da zona de deplecionamento não produz CO_2, e sim CH_4, que provoca 21 vezes mais impacto sobre o efeito estufa do que o gás carbônico. Conforme a vegetação do fundo do reservatório cresce a cada redução do nível d'água, o gás carbônico da superfície é removido da atmosfera por meio da fotossíntese, e o carbono é liberado pela vegetação em forma de metano, quando ocorre novamente a inundação.
8. O excesso de nutrientes na água, principalmente fosfato e nitrato, ocasiona aumento significativo na população de algas e de microrganismos decompositores na água, levando a uma brusca redução do teor de oxigênio dissolvido. Esse processo é denominado eutrofização e ocorre de forma natural, mas é potencializado à medida que se incrementa, substancialmente,

a quantia de efluentes despejados nos rios, oriundos do comércio, da indústria e das residências. A eutrofização provoca a mortalidade de organismos aeróbios maiores como os peixes, podendo causar também epidemias.

9. O represamento de águas pode provocar diversas enfermidades endêmicas que assolam as comunidades vizinhas às usinas, dentre as quais doenças parasitárias como a esquistossomose e a malária, e, em menor escala, a febre amarela e a dengue. Isso ocorre porque as barragens e os sistemas de irrigação formam remansos e propiciam um ambiente favorável para a criação e a proliferação de insetos, caramujos e outros animais que servem como vetores para o desenvolvimento de parasitas.
10. A formação de um reservatório provoca mudanças na estrutura dos ambientes aquáticos ao transformar um rio de águas rápidas (lóticas) em um sistema de águas paradas (lêntico) e também ao inundar ambientes terrestres e/ou várzeas e lagoas marginais.

    Essas mudanças causam alterações nas estruturas da fauna aquática (ictiofauna), principalmente por meio da substituição ou extinção local de espécies. Espécies de peixes reofílicos (aqueles que necessitam de águas rápidas para sua sobrevivência) se tornam mais raras, enquanto espécies de águas lênticas se tornam mais abundantes.

    Espécies acostumadas à água corrente têm dificuldades de adaptação à água quase parada de um lago, em que o nível de oxigenação diminui acentuadamente. A consequência é a proliferação de determinadas espécies em relação a outras. Há uma notável diminuição na quantidade e na qualidade dos peixes, o que causa prejuízos às populações ribeirinhas, cuja principal fonte de alimentação e atividade econômica é a pesca.

Para tentar amenizar o problema, são construídas escadas nas barragens para que os peixes migratórios possam circular na piracema (ciclo migratório). A concepção de degraus é para evitar que algumas espécies morram de exaustão ao tentar repetir o seu fluxo natural de migração.

As escadas, no entanto, podem aumentar os riscos de extinção se funcionarem como uma armadilha ecológica, na medida em que atraem cardumes para ambientes mais pobres e prejudicam sua reprodução. A quantidade de peixes que sobe é significativa, e a jusante dos reservatórios causa um colapso na pesca.

A piracema também entra em colapso, caso os peixes que sobem não desçam depois. Isso ocorre porque os peixes adultos que sobrevivem ao desgastante processo de subida das escadas não encontram locais adequados para a desova ou o desenvolvimento dos alevinos nos ambientes a montante, pois esses locais são ecologicamente mais pobres.

A plasticidade (capacidade de se adaptar a novos ambientes e/ou condições ambientais) dos peixes migradores ainda é pouco conhecida, mas alguns casos de escolha de rotas alternativas de migração já foram identificados.

O padrão geral de migração de peixes após a construção de usinas inclui o deslocamento das espécies entre diferentes locais para o ciclo de vida (desova, alimentação, crescimento). Esse deslocamento pode variar desde poucos km até 3,5 mil km (sistema amazônico). Deslocamentos superiores a 1.000 km já foram registrados para espécies migradoras, como o dourado. Com a interrupção dessa rota por uma hidrelétrica, os peixes passam a não ter acesso, ou ter acesso limitado, aos diferentes locais para o ciclo de vida. A repovoação da represa é indispensável.

11. As populações humanas que habitam as regiões em que a usina será implantada, em geral, são famílias de agricultores, pescadores ou tribos indígenas, que perdem áreas utilizadas para caça e pesca. É necessário reassentar essas populações em outras regiões, sem alterar muito suas condições originais de vida ou tentar melhorá-las, o que raramente ocorre.

O deslocamento forçado dessas populações, acompanhado por compensações financeiras irrisórias ou inexistentes, coloca-as em confronto com empreendedores que almejam esconder ou minimizar os conflitos para viabilizar suas obras e têm em vista critérios fundamentalmente econômicos. As populações atingidas, junto com os ambientalistas, procuram evidenciar os conflitos, mostrando que há direitos que não estão sendo considerados, e têm em vista critérios ambientais, sociais e humanitários.

No caso da população indígena, essas comunidades dificilmente possuem os documentos referentes à posse de terras. Em sua maioria, eles são reassentados em novas áreas, passam por um longo processo de adaptação cultural e social, e podem perder sua identidade, pois possuem uma ligação espiritual estreita com a terra natal.

12. Os impactos causados pelas pequenas centrais hidrelétricas (PCH) em relação às grandes usinas são menores, pois possuem barragens proporcionalmente menores; mas, ao se instalar diversas PCH em um mesmo rio, em sistemas de cascatas, os impactos podem ser proporcionalmente maiores que os causados por grandes obras, principalmente no que diz respeito ao assoreamento. O licenciamento ambiental de PCH é bem mais simples e, em alguns Estados, sequer são necessários o EIA e o RIMA. Obtidos isoladamente, sem levar em conta outras usinas hidrelétricas no mesmo rio ou bacia,

os licenciamentos ignoram o conjunto dos impactos socioambientais dos empreendimentos.

Uma resolução do Conama diz que usinas com mais de 10 megawatts (MW) de potência devem ter EIA e RIMA. Esse caso é emblemático e dá mostras da confusão que se disseminou no país sobre regras e competências de licenciamento ambiental.

As grandes hidrelétricas podem causar mais estragos ambientais, mas acabam sendo analisadas pelo Instituto Brasileiro do Meio Ambiente e dos Recursos Naturais Renováveis (Ibama) e submetidas ao licenciamento mais rigoroso. Já as PCH costumam ser licenciadas pelos Estados, que aplicam suas próprias regras. Muitas vezes, elas costumam ser mais brandas.

Um exemplo de PCH com grande impacto é a PCH Fumaça (10 MW), construída no município de Diogo Vasconcelos (MG) pela Novellis do Brasil (antiga Alcan Alumínio). Com o início de sua operação, em abril de 2003, a obra deslocou compulsoriamente 200 famílias. Pessoas que dependiam da beira do rio para sua sobrevivência e que mantinham uma relação complexa com a natureza (meeiros, artesãos que utilizavam da pedra sabão, faiscadores, diaristas e agricultores) até hoje enfrentam problemas de indenização.

13. Sítios arqueológicos de rara beleza natural e de importância científica são elementos do patrimônio cultural da humanidade. A perda desses recursos culturais históricos, que variam desde santuários, artefatos e construções antigas, templos, além de recursos arqueológicos como fósseis, animais e cemitérios, decorre da submersão da área de influência da barragem. Ocorre também por causa do processo de erosão dos solos e das encostas ora frágeis, que expõe essa riqueza à superfície, deixando-a vulnerável a saques e contrabandos – um crime de lesa-humanidade.

Exemplos de impactos no Brasil

As centenas de usinas hidrelétricas construídas até hoje no Brasil resultaram em mais de 34 mil km^2 de terras inundadas para a formação de barragens, no deslocamento compulsório de cerca de 250 mil famílias - populações ribeirinhas diretamente atingidas pelos reservatórios –, e em muitos danos ambientais e sociais.

O maior empreendimento em construção no Brasil é a usina hidrelétrica (UHE) de Belo Monte, no rio Xingu, Estado do Pará, cuja obra enfrenta muitos protestos ambientais. A rejeição às grandes barragens é produto de um histórico de erros no setor.

O maior símbolo desses enganos é a usina de Balbina, erguida nos anos 1980 no rio Uatumã, no Estado do Amazonas. Concebida no regime militar, na década de 1970, e finalizada em 1989, é considerada a maior tragédia ambiental do país. Inundou uma área quatro vezes superior a Itaipu, incluindo parte da reserva indígena Waimiri-Atroari, para gerar somente 10% da energia de Itaipu. Matou peixes e causou a escassez de alimentos e fome para as populações locais. Nem mesmo o abastecimento de energia elétrica para a população local foi cumprido. Em 1989, após uma análise da situação do rio Uatumã, o Instituto Nacional de Pesquisas da Amazônia (Inpa) decretou sua morte biológica.

Os construtores inundaram a área sem retirar as árvores e transformaram a paisagem em um grotesco "paliteiro". A madeira em putrefação atrai nuvens de mosquitos e gera metano. Bactérias aeróbicas promoveram a decomposição da matéria orgânica, que acarretou a diminuição da taxa de oxigênio dissolvido na água e provocou a morte de milhares de peixes.

No caso da construção da hidrelétrica de Tucuruí, no Pará, o exemplo é de má administração das questões ambientais na construção. Cientistas relatam a fuga em massa de macacos, aves e outras espécies durante os dois meses que durou a inundação do lago de 2.430 km². A estimativa é que apenas 1% das espécies locais sobreviveu. Mesmo com o remanejamento antecipado de espécies, algumas correm o risco de não se adaptarem ao novo *habitat*.

Na represa de Sobradinho, 50 mil habitantes das ilhas e das margens do rio São Francisco tiveram de ser reassentadas. Com a construção da represa de Luiz Gonzaga (Itaparica), foi criado um lago de 4.214 km². Foram submersas sete cidades: Casa Nova, Sento Sé, Pilão Arcado e Remanso, que tiveram as suas sedes transferidas e foram bastante afetadas; e ainda Juazeiro, Xique-Xique e Barra, que sofreram menos impactos.

Desapareceram inscrições feitas por homens pré-históricos nas pedras das margens do rio, ruínas de missões jesuítas e franciscanas e o famoso cais de Petrolândia, construído para o desembarque de Dom Pedro II em sua histórica viagem pelo rio São Francisco. Foram removidas da área que foi alagada cerca de 70 mil pessoas, das quais 80% eram camponeses que abasteciam o mercado regional.

Deslizamentos de terra e sismicidade

Dezenas de deslizamentos de terra na China foram atribuídos à construção da usina hidrelétrica Três Gargantas, que cruza o rio Yang-tsé. Como tudo na China, os números são estratosféricos: essa obra desalojou 1,3 milhões de chineses, o lago formado afundou 13 cidades de grande porte, 140 cidades de pequeno porte, 1.352 povoados e 657 fábricas, segundo cálculos oficiais. Também 600 sítios históricos desapareceram sob as águas da obra que no pico contou com mais de 18 mil trabalhadores. Como benefício, energia para mais de 50 milhões de chineses.

Em 2003, um mês após ser iniciado o enchimento da barragem Três Gargantas, um deslizamento de terra matou 14 pessoas. Dezenas de outros acidentes aconteceram em 2006, depois que o nível de água aumentou novamente. Já em 2007, um ônibus foi engolido por um deslizamento. Os mecanismos que agem quando o represamento provoca deslizamentos de terra são similares ao que causa abalos sísmicos (terremotos). Mas, no caso de tremores de terra, os efeitos acontecem por debaixo da superfície.

Até recentemente, o pior terremoto atribuído à atividade de uma represa aconteceu na porção ocidental da Índia, em 1967. Três anos depois de completada a construção da represa Koyna, um terremoto atingiu a magnitude de 6,5, matando 180 pessoas.

O fenômeno de terremotos provocados por uma represa é conhecido como sismo induzido por reservatórios e, basicamente, ocorre quando uma represa é construída e seu reservatório é cheio com água, pois a pressão equivalente exercida na terra naquela área muda drasticamente: quando o nível de água chega ao limite, a pressão no solo aumenta; quando o nível de água abaixa, a pressão também diminui. Essa variação causa um estresse no delicado balanço das placas tectônicas debaixo da superfície, podendo levá-las a se mover.

Outro fator é a própria água. Quando a pressão da água aumenta, mais água penetra no solo, preenchendo rachaduras e fissuras no local. Toda essa pressão da água pode expandir essas rachaduras e criar novas fissuras nas rochas, causando instabilidade no solo. Além disso, conforme a água se aprofunda, pode agir como lubrificante para as placas rochosas que estão presas apenas pela fricção. Essa lubrificação pode causar o deslizamento dessas placas.

A represa chinesa Zipingpu tem profundidade equivalente a um edifício de 50 andares e armazena mais de 1 bilhão m^3 de água vindos do rio Minjiang, na província de Sichuan, oeste chinês. O peso e as características de lubrificação daquela água podem ter desencadeado o terremoto em 2008.

No caso de terremotos, é difícil atribuir culpa a represas. Só um detalhado estudo científico pode apontar exatamente o que acontece debaixo da superfície. Cientistas acreditam que são necessárias mais pesquisas e programas de monitoramentos sísmicos antes de se afirmar que uma barragem está diretamente relacionada a tremores de terra.

Entretanto, o que se sabe é que uma represa não pode causar um terremoto isoladamente. Os fatores de risco, especificamente falhas instáveis, já devem estar no local, embora, sob certas condições, uma represa possa causar danos mais cedo do que ocorreria naturalmente, e talvez aumentar sua intensidade.

Construir uma represa sobre uma falha geológica conhecida não é recomendado. Esse é o motivo por que muitos cientistas advertem sobre os terríveis resultados na hidrelétrica Três Gargantas, decorrentes da construção sobre as falhas de Jiuwanxi e de Zigui.

Itaipu, exemplo de impacto sustentável

A usina hidrelétrica de Itaipu, a maior do país, localiza-se no rio Paraná, na divisa de Brasil e Paraguai. É uma obra binacional cuja viabilização muito exigiu da então competente diplomacia brasileira. Na década de 1970, chegou a ser taxada como um elefante branco, endividou o Brasil, mas seus resultados impressionam. Tem capacidade de 14 mil MW, 20 unidades geradoras e responde por 16,99% da demanda brasileira e 72,91% da demanda paraguaia de energia elétrica.

Face à sua magnitude, Itaipu, ou, em tupi-guarani, a pedra que canta para os índios, provocou profundos impactos econômicos, culturais, sociais e ambientais na bacia do rio Paraná. O principal foi o desaparecimento das sete quedas da cidade de Guaíra, uma das mais belas paisagens brasileiras. Entretanto, é inegável sua contribuição ímpar em fornecimento de energia para Brasil e Paraguai. Com a atuação e a postura legal ambiental vigente no país, essa obra, certamente, não seria viabilizada da forma que foi.

Orgulho da engenharia nacional, os números de Itaipu impressionam: cerca de 40 mil trabalhadores; mais de 50 milhões de toneladas de terra e rocha escavadas para ser feito o deslocamento do curso do rio Paraná, o sétimo maior do mundo; a quantidade de concreto usado para construir a usina seria suficiente para erguer 210 estádios do tamanho do Maracanã; seria possível levantar 380 torres iguais à Eiffel com o total de ferro e de aço utilizado no empreendimento; removeram-se mais de 35 mil animais que viviam na área a ser inundada pelo lago da usina.

Durante sua construção (1975-1982), a cidade de Foz do Iguaçu possuía apenas duas ruas asfaltadas e cerca de 20 mil habitantes. Em dez anos, a população da cidade se multiplicou para 101.447 pessoas. O município possui o terceiro maior parque hoteleiro do país, restaurantes de padrão internacional e vida noturna agitada nos bares e boates das três cidades da denominada tríplice fronteira (Foz do Iguaçu, no Brasil; Puerto Iguazú, na Argentina; e Ciudad Del Este, no Paraguai). Mas o caminho trilhado foi longo e penoso.

A água da usina é represada por uma barragem de 196 m de altura que forma um lago de 170 km de comprimento, equivalente a quatro baías da Guanabara. Há passeios diários até o coração da usina, que permitem vistas maravilhosas inclusive do vertedouro. À noite, é possível vislumbrar o corpo da represa toda iluminada por uma infinidade de refletores e luminárias. Possui um museu ecológico, que conta a história da ocupação da área desde seus primórdios e conta com espaços temáticos de água e energia, onde crianças e adultos participam de oficinas.

Nos arredores da usina, encontra-se o Refúgio Ecológico Bela Vista, unidade de proteção ambiental criada na década de 1970 para receber os milhares de animais desalojados de seu *habitat* em decorrência da construção da usina. O canal da piracema, um conjunto de corredeiras e lagoas, permite que os peixes migratórios superem desníveis de barragens e consigam subir o rio Paraná na época da reprodução. Nesse espaço, há uma pista de *slalom* (esporte praticado com caiaques ou canoas em águas rápidas) utilizada para competições nacionais e internacionais de canoagem.

Há também o turismo rural nos municípios lindeiros ao lago de Itaipu, com atrações como pesca esportiva, caminhadas na mata e cavalgadas. Podem-se ordenhar vacas e moer o próprio café no monjolo; tomar cafés coloniais com vinho artesanal e frutas colhidas no pé; almoçar comidas típicas preparadas em fogões à lenha, tudo regado ao som de modas de viola e com animação de danças tradicionais dos colonizadores.

As cataratas do Iguaçu são consideradas uma das sete maravilhas do mundo moderno e foi tombada pela Unesco como patrimônio natural da humanidade. São 275 saltos d'água com até 80 m de altura que encantam milhões de visitantes de todo o mundo. As cataratas fazem parte do Parque Nacional do Iguaçu, a maior reserva de floresta fluvial subtropical do mundo, um santuário ecológico de fauna e flora silvestres.

O parque possui mais de 2 mil espécies de plantas e flores, e abriga cerca de mil aves de 150 espécies de vários países, muitas ameaçadas de extinção. Há vários mirantes para contemplar belezas ímpares, em passeios por passarelas e trilhas com bicicletas, ônibus ou carros elétricos. Essas belezas podem ser contempladas também por catamarãs, que navegam pelo lago, ou por helicópteros.

No ecoturismo de aventura, por entre o *canyon* das corredeiras do rio Iguaçu, há passeios de barcos infláveis, *rafting*, rapel de 55 m de altura, escalada em paredões de rocha e arvorismo com tirolesa.

Itaipu não só é usuária de tecnologia de ponta, mas também, por meio do Parque Tecnológico Itaipu (PTI), atua como um polo produtor de conhecimento científico e tecnológico no Brasil e no Paraguai. A área ocupada pelo PTI soma 50 mil m^2, onde estão em atividade cerca de 2 mil pessoas, entre funcionários, estagiários, parceiros, empresários, pesquisadores, professores e acadêmicos.

Além das entidades de pesquisa e apoio à pesquisa, o PTI mantém um espaço de desenvolvimento empresarial e um *campus* universitário, que busca preservar o conhecimento adquirido em anos de operação e manutenção e levar o seu *know-how* para outras companhias do setor elétrico.

Dentre as muitas pesquisas ambientais realizadas em Itaipu, está a maior série histórica de dados sobre a pesca. Esse conhecimento acima da média do sistema se deve, em grande parte, à participação da Universidade Estadual de Maringá (UEM), Paraná, nos estudos, por meio do Núcleo de Pesquisas em Limnologia, Ictiologia e Aquicultura denominado Nupelia. Esse núcleo de excelência, reconhecido internacionalmente, pesquisa, há mais de 20 anos, os ecossistemas aquáticos da bacia do rio Paraná.

Nessa bacia, composta por 29 municípios e população de um milhão de habitantes, desde 1984, já foram plantadas 43 milhões de árvores e, graças à energia hidrelétrica produzida em Itaipu, o Brasil deixa de emitir, a cada ano, 85 milhões de toneladas de gás carbônico na atmosfera. Itaipu é, hoje, referência na gestão de projetos sustentáveis.

4

Águas de Piraju – estudo de caso de uma nova usina hidrelétrica

CIDADEZINHA QUALQUER
Casas entre bananeiras
mulheres entre laranjeiras
pomar amor cantar
Um homem vai devagar
Um cachorro vai devagar
Um burro vai devagar
Devagar... as janelas olham
Êta vida besta, meu Deus

CARLOS DRUMMOND DE ANDRADE

PIRAJU, NOME ORIGINÁRIO DE EXPRESSÃO GUARANI, significa peixe (*pira*) dourado (*yu*). Esse peixe, símbolo da cidade, tem seu *habitat* no límpido rio Paranapanema, maior patrimônio pirajuense. Os dados mais concretos do início do povoamento da região são registrados somente a partir de 1859, com a chegada da família Arruda, que se uniu às famílias Faustino e Graciano, as quais já habitavam a região. Essas famílias doaram um terreno para a criação do patrimônio denominado São Sebastião do Tijuco Preto.

Distante 330 km da capital do Estado de São Paulo, a sudoeste do Estado, a Estância Turística de Piraju tem clima temperado, suaves colinas e temperatura média de 21°C. Com cerca de 29 mil habitantes distribuídos em uma área de 505 km^2, a cidade foi transformada em estância turística em 2002, entrando para um seleto grupo de 29 municípios do Estado.

A Estância Turística de Piraju faz parte do Circuito das Águas Limpas e é banhada pelo rio Paranapanema. Estância turística é um título concedido pelo Governo do Estado de São Paulo a municípios que apresentam características turísticas e determinados requisitos, como condições de lazer, recreação, recursos naturais e culturais específicos. Devem dispor de infraestrutura e serviços dimensionados à atividade turística.

Os municípios com a condição de Estância recebem recursos financeiros estaduais do Departamento de Apoio ao Desenvolvimento das Estâncias (Dade), para incentivo e desenvolvimento do turismo local. O rio, com seu belíssimo entorno, foi o diferencial que propiciou essa honrosa designação para Piraju.

O rio Paranapanema, de domínio federal, é o menos poluído do Estado de São Paulo. O rio é tão importante que tem seu próprio dia, 27 de agosto, instituído pela Lei Estadual nº 10.488/1999, do deputado Antônio Salim Curiati, sancionada pelo então governador Mário Covas.

No idioma e na cultura tupi-guarani, o vocábulo paranapanema – etimologicamente (*parana* + *panema*) – significa "grande rio improdutivo", pois o Paranapanema era considerado pelos autóctones um rio com poucos peixes. Contudo, revelou-se produtivo na geração de energia elétrica: concentra 5% da produção hidrelétrica nacional.

Tem 929 km de extensão, dos quais 90,6 km cortam o município da Estância Turística de Piraju. Nasce na Serra de Agudos Grandes, município de Capão Bonito, região sul do Estado de São Paulo, 900 m acima do nível do mar.

As águas do Paranapanema seguem da direção leste para o oeste, até desembocar no rio Paraná, em Porto São José, na divisa entre São Paulo, Paraná e Mato Grosso do Sul, onde sua foz está a 238 m de altitude. Em Piraju, encontra-se um trecho de 8 km de calha natural do rio, tombado por Lei Municipal em 2002, localizado entre a foz do ribeirão Hungria e a do ribeirão das Araras.

A declividade média total do rio Paranapanema, desde suas nascentes até a desembocadura no rio Paraná, é de 61 cm/km, totalizando 570 m. Não considerando os primeiros 100 km, onde o rio desce a serra de Paranapiacaba, a declividade média é de 43 cm/km, valor relativamente baixo para um percurso tão extenso.

O Paranapanema é pouco navegável; basicamente o é no baixo curso entre Euclides da Cunha, Paulista e Terra Rica, a jusante da corredeira da Coroa do Frade, em uma extensão de cerca de 70 km, contados a partir da foz do rio Paraná. Essa navegação é feita em caráter precário, pois, em condições naturais, a profundidade mínima nesse trecho, em estiagem, é de cerca de 1,5 m.

As matas da bacia do Alto Paranapanema escondem, ao longo do leito do rio, sítios arqueológicos bem preservados da exploração do ouro e de missões jesuíticas no início do século XVIII, além de ruínas históricas de até 8 mil anos atrás. Em sua bacia, encontravam-se tribos de duas importantes nações indígenas brasileiras: os Tupis-guaranis e os Jés. Marco importante na história do Brasil, o rio foi uma espécie de fronteira entre as Américas espanhola e portuguesa no início da colonização, e, por isso, abriga ao longo de suas sinuosas curvas um rico patrimônio histórico.

O Salto Piraju, também chamado de Garganta do Diabo, é a certidão de nascimento da Estância Turística de Piraju. Localizado no único trecho urbano do rio Paranapanema, ainda mantém suas características originais. Uma paisagem deslumbrante, com águas lóticas nervosas a escorrer por porções generosas de rochas basálticas, sob o olhar contemplativo de exuberante mata ciliar. Os primeiros índios povoadores, atraídos para o local em busca de alimentos, tentavam fisgar com lanças a fartura de peixes dourados que tresloucadamente saltavam rio acima na época da piracema.

A fauna e a flora do entorno do rio foram muito comprometidas ao longo do tempo pela construção de barragens de hidrelétricas em vários pontos de seu leito. Apesar de ter águas limpas, Piraju despeja nele 8% do esgoto que produz. Mesmo com intervenções antrópicas, continua bem servido de peixes, suas margens ainda têm muita proteção florestal e suas águas permanecem despoluídas na maior parte do seu curso. Mas tanto em sítios arqueológicos quanto em flora e fauna, ainda há muito que se estudar e descobrir.

Índices econômicos, sociais e ambientais de Piraju

A cidade de Piraju sempre foi considerada excelente local para se morar com qualidade de vida, por causa do clima agradável, abundância de áreas verdes, exuberância do rio Paranapanema e população residente condizente com seu tamanho físico. Mas como saber se é uma cidade sustentável? Como mensurar essa qualidade?

O melhor indicador para medir qualidade de vida de uma sociedade é o Índice de Desenvolvimento Humano (IDH), elaborado pelo Programa das Nações Unidas para o Desenvolvimento (PNUD), órgão da Organização das Nações Unidas (ONU). É um índice composto por três indicadores: vida longa e saudável (longevidade); acesso ao conhecimento (educação); e padrão de vida (renda).

O objetivo da criação do IDH foi oferecer um contraponto a outro indicador muito utilizado, o Produto Interno Bruto (PIB), que considera apenas a dimensão econômica do desenvolvimento de uma nação. O IDH vai de 0 (nenhum desenvolvimento humano) a 1 (desenvolvimento humano total). Quanto mais próximo de 1, mais desenvolvido é o país. O IDH é considerado baixo se estiver entre 0 e 0,499; médio, de 0,5 a 0,799; e alto, de 0,8 a 1. Em 2012, o Brasil era o 85º colocado entre 187 países, com IDH médio de 0,730.

O IDH também é utilizado para apurar o desenvolvimento de cidades, estados e regiões. Em julho de 2013, o PNUD divulgou a terceira edição do *Atlas do Desenvolvimento Humano no Brasil 2013*, no qual se apurou o Índice de Desenvolvimento Humano Municipal (IDHM). As outras duas edições foram divulgadas em 1998 e 2003.

Em 20 anos, entre 1991 e 2010, 85% dos municípios do Brasil saíram da faixa de desenvolvimento humano baixo e o IDHM cresceu 47,5%. Atualmente, 74% das cidades se encontram nas faixas de médio e alto desenvolvimento, e cerca de 25% deles estão na faixa de baixo desenvolvimento. Os 50 municípios com pior IDHM estão todos nas regiões Norte e Nordeste. Das 5.565 cidades brasileiras avaliadas pelo PNUD, só 44 (0,7%) têm índices muito altos de desenvolvimento humano. Na outra ponta, outros 32 municípios (0,5%) têm índices considerados muito baixos.

Ao todo, 1.889 cidades têm IDHM alto (33,9%), outras 2.233 registram índices médios (40,1%) e 1.367 municípios têm IDHM baixo (24,5%). O melhor IDHM do país é de São Caetano do Sul, município localizado próximo à capital do Estado de São Paulo, que tem 149.263 habitantes, índice de 0,862 e está entre os 44 municípios do país a registrar desenvolvimento humano alto. Na última posição no *ranking* do IDHM, está a cidade de Melgaço, no Pará, que obteve índice de 0,418.

Os resultados do estudo do PNUD realmente referendam o sentimento comum entre os pirajuenses de que ali se vive muito bem. O IDHM de Piraju foi de 0,758, em 2010, o que propiciou ao município fazer parte de um seleto grupo de 7% dos municípios brasileiros com os melhores índices. Ocupa a posição 400 entre 5.565 cidades do país. Em relação às 645 cidades do Estado de São Paulo, está em 177º lugar.

O município está à frente de algumas cidades da região, como Águas de Santa Bárbara (0,757), Fartura (0,732), Cerqueira César (0,729) e Ipaussu (0,727). Por outro lado, cidades até mais populosas estão à frente, como Assis (0,805), Ourinhos (0,778), Avaré (0,767) e Itapetininga (0,763). Piraju também se mantém com índice superior a municípios famosos por seus atrativos turísticos, como Ilha Bela (0,756), Guarujá (0,751), Brotas (0,740) e Barra Bonita (0,701), no Estado de São Paulo; Fortaleza (0,754), no Ceará; Foz do Iguaçu (0,751), no Paraná; e Sorriso (0,744), no Mato Grosso. Confira os índices de desenvolvimento humano em alguns municípios brasileiros na Tabela 13.

Entre 2000 e 2010, das três dimensões que compõem o IDHM, a que mais cresceu em termos absolutos em Piraju foi a educação (crescimento de 0,147), seguida por longevidade e renda, fato que já havia ocorrido de forma idêntica entre 1991 e 2000.

Tabela 13 Municípios brasileiros e sua posição no IDHM

POSIÇÃO	MUNICÍPIO	IDHM	RENDA	LONGEVIDADE	EDUCAÇÃO
1º	São Caetano do Sul (SP)	0,862	0,891	0,887	0,811
2º	Águas de São Pedro (SP)	0,854	0,849	0,890	0,825
3º	Florianópolis (SC)	0,847	0,870	0,873	0,800
4º	Balneário Camboriú (SC)	0,845	0,854	0,894	0,789
400º	Piraju (SP)	0,758	0,740	0,843	0,699
795º	Manduri (SP)	0,739	0,730	0,818	0,675
1021º	Óleo (SP)	0,730	0,713	0,858	0,637
1595º	Timburi (SP)	0,710	0,688	0,826	0,629
2224º	Sarutaiá (SP)	0,688	0,679	0,794	0,603
2716º	Tejupá (SP)	0,668	0,668	0,794	0,563

Fonte: PNUD, 2013.

Entre 2000 e 2010, a razão de dependência (população com menos de 14 anos de idade e com 65 anos ou mais em relação à população com 15 a 64 anos) de Piraju passou de 52,22% para 46,05%; e o índice de envelhecimento (população com 65 anos de idade ou mais em relação à população com menos de 15 anos) evoluiu de 8,22% para 10,19%. Entre 1991 e 2000, a razão de dependência foi de 58,15% para 52,22%, enquanto o índice de envelhecimento evoluiu de 6,47% para 8,22%. Veja, na Tabela 14, como se dividem os cidadãos pirajuenses de acordo com a faixa etária.

Entre 2000 e 2010, a população de Piraju teve uma taxa média de crescimento anual de 0,21%. Na década anterior (1991 a 2000), essa taxa foi de 0,75%. No Estado de São Paulo, a taxa média de crescimento anual foi de 1,01% entre 2000 e 2010, e de 1,02% entre 1991 e 2000. No país, foi de 1,01% entre 2000 e 2010, e de 1,02% entre 1991 e 2000. Nas últimas duas décadas, a taxa de urbanização cresceu 10,48% (Tabelas 15 e 16).

Tabela 14 Estrutura etária da população de Piraju, SP

ESTRUTURA ETÁRIA	POPULAÇÃO (1991)	% DO TOTAL (1991)	POPULAÇÃO (2000)	% DO TOTAL (2000)	POPULAÇÃO (2010)	% DO TOTAL (2010)
Menos de 15 anos	7.900	30,30	7.276	26,08	6.107	21,45
15 a 64 anos	16.488	63,23	18.327	65,70	19.465	68,36
65 anos ou mais	1.688	6,47	2.294	8,22	2.903	10,19
Razão de dependência	58,15	0,22	52,22	0,19	46,05	0,16
Índice de envelhecimento	-	6,47	-	8,22	-	10,19

Fonte: PNUD, 2013.

Tabela 15 População total, por gênero, rural, urbana e taxa de urbanização de Piraju, SP

POPULAÇÃO	POPULAÇÃO (1991)	% DO TOTAL (1991)	POPULAÇÃO (2000)	% DO TOTAL (2000)	POPULAÇÃO (2010)	% DO TOTAL (2010)
População total	26.076	100,00	27.897	100,00	28.475	100,00
Homens	12.806	49,11	13.669	49,00	13.826	48,55
Mulheres	13.270	50,89	14.228	51,00	14.649	51,45
Urbana	21.222	81,39	24.296	87,09	25.604	89,92
Rural	4.854	18,61	3.601	12,91	2.871	10,08
Taxa de urbanização	-	81,39	-	87,09	-	89,92

Fonte: PNUD, 2013.

Tabela 16 Indicadores de habitação de Piraju, SP

	1991	2000	2010
% da população em domicílios com água encanada	84,31	97,28	98,62
% da população em domicílios com energia elétrica	97,70	99,19	99,93
% da população em domicílios urbanos com coleta de lixo	97,85	98,80	99,77

Fonte: PNUD, 2013.

A renda *per capita* média de Piraju cresceu 77,06% nas últimas duas décadas, passando de R$ 452,52 em 1991 para R$ 639,91 em 2000, e R$ 801,23 em 2010. A taxa média anual de crescimento foi de 41,41% no primeiro período e 25,21% no segundo. A extrema pobreza (medida pela proporção de pessoas com renda domiciliar *per capita* inferior a R$ 70 em agosto de 2010) passou de 7,11% em 1991 para 1,97%, em 2000, e para 0,23% em 2010.

Outro fator importante de se avaliar é a desigualdade de renda. O indicador que mensura a desigualdade é denominado de índice de Gini, que mede o grau de concentração de renda. Ele aponta a diferença entre os rendimentos dos mais pobres e dos mais ricos. Numericamente, varia de 0 a 1, em que 0 representa a situação de total igualdade, ou seja, todos têm a mesma renda, e o valor 1 significa completa desigualdade de renda, ou seja, se uma só pessoa detém toda a renda do lugar. A desigualdade pirajuense diminuiu: passou de 0,56 em 1991 para 0,55 em 2000 e para 0,48 em 2010 (Tabelas 17 e 18).

Tabela 17 Renda, pobreza e desigualdade em Piraju, SP

	1991	2000	2010
Renda *per capita* (em R$)	452,52	639,91	801,23
% de extremamente pobres	7,11	1,97	0,23
% de pobres	23,87	12,45	3,71
Índice de Gini	0,56	0,55	0,48

Fonte: PNUD, 2013.

Tabela 18 Porcentagem da renda apropriada por estratos da população de Piraju , SP

	1991	2000	2010
20% mais pobres	3,48	3,82	4,86
40% mais pobres	10,57	11,23	13,63
60% mais pobres	21,32	22,16	26,15
80% mais pobres	38,81	39,11	45,56
20% mais ricos	61,19	60,89	54,44

Fonte: PNUD, 2013.

Entre 2000 e 2010, a taxa de atividade percentual da população (economicamente ativa) com 18 anos de idade ou mais passou de 64,13% em 2000 para 68,80% em 2010. Ao mesmo tempo, sua taxa de desocupação percentual (da população economicamente ativa desocupada) diminuiu de 6,83%, em 2000, para 6,38% em 2010 (Tabela 19).

Em 2010, das pessoas ocupadas na faixa etária de 18 anos ou mais, 14,41% trabalhavam no setor agropecuário, 0,22% na indústria extrativa, 10,48% na indústria de transformação, 7,43% no setor de construção, 2,6% nos setores de utilidade pública, 16,37% no comércio e 44,54% no setor de serviços.

Na área ambiental, o município também é destaque. O reconhecimento veio por meio do programa do Governo do Estado de São Paulo denominado Programa Município Verde Azul, como uma proposta de descentralização da agenda ambiental paulista.

Tabela 19 Ocupação da população com 18 anos de idade ou mais em Piraju, SP

	2000	2010
Taxa de atividade	64,13	68,80
Taxa de desocupação	6,83	6,38
Grau de formalização dos ocupados - 18 anos ou mais	56,99	64,76
Nível educacional dos ocupados		
% dos ocupados com ensino fundamental completo	47,41	62,77
% dos ocupados com ensino médio completo	31,43	46,75
Rendimento médio		
% dos ocupados com rendimento de até 1 salário mínimo	42,55	13,74
% dos ocupados com rendimento de até 2 salários mínimos	74,09	71,05

Fonte: PNUD, 2013.

Atribui-se um selo verde a municípios que implantam e conservam serviços ambientais. Apenas 134 dos 645 municípios do Estado receberam esse selo em 2012, em avaliação anual realizada pela Secretaria do Meio Ambiente (SMA) do Estado de São Paulo desde 2008.

Seiscentos e treze municípios assinaram o termo de adesão. Desses, 521 indicaram interlocutores responsáveis por intermediar o diálogo entre Governo do Estado e as prefeituras, e 332 entregaram o plano de ação completo. Os municípios com melhor avaliação terão prioridade na obtenção de recursos junto ao Governo do Estado de São Paulo, principalmente dos provenientes do Fundo Estadual de Recursos Hídricos (Fehidro) e do Fundo Estadual de Prevenção e Controle da Poluição (Fecop).

O prêmio avalia o desempenho em dez diretivas que regem o programa, com base na avaliação de setores como recuperação de mata ciliar, esgoto tratado, lixo, arborização urbana, educação ambiental, uso da água e poluição do ar e se há Conselho de Meio Ambiente.

A SMA-SP estabeleceu um *ranking* ambiental. Cada município foi classificado com uma nota, que variou de 0 a 100. O município com a mais baixa qualidade ambiental é Águas de São Pedro com surpreendentes 5,36 pontos. Apenas 141 cidades obtiveram médias acima de 80, suficientes para receber o certificado de "Município Verde".

Segundo o *ranking* de 2012, Botucatu tem a melhor qualidade ambiental do Estado com 97,27 pontos; e Piraju, com 92,61 pontos, apesar de ter caído algumas posições desde 2008, ainda ocupa um honroso 26º lugar entre 376 cidades avaliadas.

A cidade foi pontuada pelas inúmeras áreas verdes, parque municipal, reflorestamento de mata ciliar, Conselho de Meio Ambiente formado desde 1997, aterro sanitário com nota 8,8 e calha natural do rio tombada como patrimônio.

Outro fator importante é possuir 22 m^2 de área verde por habitante dentro da área urbana, considerando que a Organização Mundial da Saúde (OMS), órgão da ONU, preconiza que o ideal são 12 m^2. O grande número de praças e as leis rígidas para autorização de cortes de árvores contribuem para esse quadro: cada residência é obrigada a ter uma árvore na calçada.

Outro processo diferenciado da cidade é o sistema de coleta seletiva, denominado "Piraju – Povo Civilizado". Cada residência recebe semanalmente uma sacola vermelha para depositar os materiais recicláveis. Em dia certo para cada bairro, um caminhão recolhe as sacolas. Os materiais são levados até uma usina de reciclagem, onde cooperados separam o material. A renda obtida é revertida para a cooperativa de reciclagem.

É certo que esse rico cabedal de informações e índices de Piraju sempre podem ser melhorados, mas corrobora o sentimento da maioria da população local de que a cidade está entre os melhores locais do país para se viver bem em termos socioeconômicos e ambientais.

Piraju já foi vanguarda brasileira

Piraju já foi cidade de vanguarda nacional por conta de alguns eventos importantes: promulgação da lei que libertava completamente os escravos do município cerca de quatro meses antes da Lei Áurea; inauguração da energia elétrica em 30 de setembro de 1905, 1 ano e 6 meses antes da capital brasileira, que na época era o Rio de Janeiro, com energia fornecida pela recém-inaugurada usina Monte Alegre, distante 5 km da cidade.

Também em 1905, esses palcos de vanguarda assistiram à inauguração da rede de água encanada, da rede de esgoto e do telefone. Em 1906, começou a operação do ramal ferroviário, inaugurado em 1908 e, em 1913, ocorreu a implantação dos bondes elétricos. Piraju foi a segunda menor cidade brasileira, após Bom Sucesso (MG), a ter bonde elétrico. A importância da cidade produziu nomes de influência na política paulista, entre os quais o general Ataliba Leonel.

No início do século XX, políticos e cafeicultores trouxeram várias melhorias para a região, como a estação de trem, cujo projeto foi assinado pelo arquiteto Ramos de Azevedo, maior expressão da arquitetura brasileira da época. Em outubro de 1913, para "coroar" esse período áureo da região, Piraju recebeu a visita do ex-presidente dos Estados Unidos, Theodore Roosevelt. Ele veio visitar as obras da ponte sobre o rio Paranapanema, por onde passava o bonde elétrico. Essa obra foi executada pela Companhia de Ferro Anglo-Brasileira, sob a supervisão de Kermit Roosevelt, filho de Theodore Roosevelt.

Usinas hidrelétricas sempre estiveram presentes de forma marcante ao longo da história do município de Piraju. O aproveitamento de seu potencial energético teve início já na primeira década do século XX. Para atender a uma economia cafeeira em expansão, em 1913, começou a funcionar a usina hidrelétrica Boa Vista, na Fazenda Santa Maria. Essa unidade fornecia energia inclusive para uma linha de bonde elétrico com 26 km de extensão, entre o ramal da Sorocabana e Sarutaiá, passando pelas ruas da cidade, ora com 4.000 habitantes.

Em 1932, após sete anos de obras, entrou em operação um projeto de grande porte para a época, a usina hidrelétrica Paranapanema com 140 m de comprimento, queda de 16,8 m e área inundada de 1.494 km^2. A barragem encontrava-se no perímetro urbano da cidade e alagou um trecho do rio Paranapanema que separava a Vila Tibiriçá da área central de Piraju.

Na década de 1960, foi a vez da usina hidrelétrica Jurumirim, localizada a montante da usina Paranapanema. Na época, estava entre as maiores usinas do país, com uma área inundada equivalente a quatro vezes a baía da Guanabara.

A formação da consciência ambiental pirajuense

Em tempos recentes, Piraju estagnou seu desenvolvimento e são raros os fatos de significativa expressão. Com orçamento anual de cerca de R$ 55 milhões, a cidade gera, com suas usinas, 210 megawatts (MW) de potência e faturamento anual de, aproximadamente, R$ 700 milhões, contra cerca de R$ 350 milhões oriundos do café – que foi, por muitos anos, o setor produtivo propulsor da economia local. Contudo, a "cidade das usinas hidrelétricas" não consegue obter delas recursos para dar um salto de qualidade em seu desenvolvimento.

Após a inauguração das usinas Paranapanema e Jurumirim, os habitantes de Piraju puderam desfrutar da bucólica calma das águas represadas, que produziu magníficas paisagens. Esse fator, associado ao culto diário às ímpares belezas naturais locais, interagiu para a construção de uma sólida consciência ambiental de preservação do rio Paranapanema e todo seu entorno.

O ser humano possui a capacidade de racionalizar questões, assimilá-las e, com a experiência passada, encontrar soluções baseadas em observações próprias. Com o conhecimento adquirido, constrói toda uma sequência lógica, que possibilita superar uma determinada dificuldade e transmitir a experiência vivenciada para novas situações, formando uma cadeia de progresso que solidifica ideias e une seguidores. Esse processo contínuo forma grupos coesos e fortes, tornando-os aptos e com legitimidade para enfrentar novos desafios em nome da coletividade.

Alguns pirajuenses começaram a articular, a partir das décadas de 1970 e 1980, demandas ambientais, em especial de preservação dos espaços de lazer que conheceram e desfrutaram na infância e na adolescência. Até então, a questão ambiental havia ficado à margem no processo de desenvolvimento da cidade e também de todo o mundo.

No final dos anos 1970, o rio Paranapanema esteve seriamente ameaçado pelo projeto de instalação, às suas margens, de uma fábrica de papel e celulose altamente poluidora. Tratava-se da multinacional Braskraft, cujas atividades a serem implantadas em Angatuba poderiam contaminar os recursos hídricos da região e afetar o meio ambiente na represa de Jurumirim.

Lideranças regionais se uniram para chamar a sociedade civil para uma reação organizada no início de 1977. O prefeito de Angatuba, Fernando Cruz Pimentel, aderiu à ideia de formar a Associação dos Defensores da Ecologia do Vale do Paranapanema (Adevap). Ambientalistas e sociedade civil organizada de diversos municípios da região reagiram rápido e convenceram as autoridades e os políticos das externalidades negativas que a fábrica traria para o entorno, e impediram sua instalação. Por meio da Lei nº 2.090, sancionada em 27 de agosto de 1979, determinou-se a proibição do funcionamento de indústrias de alto risco poluidor na bacia de drenagem do rio Paranapanema, desde suas nascentes até a represa de Jurumirim.

Na década de 1990, amadureceram novas formas de gestão dos recursos hídricos. O período foi muito rico com relação à criação e à transformação de instituições nas três esferas de governo. Observou-se também a estruturação de um marco jurídico que previa maior transparência e participação dos cidadãos nos processos decisórios.

No âmbito federal, foram sancionados a Lei nº 9.433/1997, que instituiu o Plano Nacional de Recursos Hídricos, e o Decreto nº 2.162/1998, que criou o Conselho Nacional de Recursos Hídricos. A Agência Nacional de Águas (ANA) passou a ser responsável pela emissão de outorgas de uso dos recursos hídricos, bem como de concessões preliminares para uso, como as reservas de disponibilidade hídrica.

No plano estadual, foi sancionada a Lei nº 7.663/1991, que instituiu a Política Estadual de Recursos Hídricos e criou o Sistema Integrado de Gerenciamento de Recursos Hídricos. A partir de 1995, foram criados diversos comitês de bacias, entre eles o Comitê de Bacia Hidrográfica do Alto Paranapanema, em 1996.

No plano municipal, o poder público sancionou duas leis importantes para a questão socioambiental: em julho de 1992, a Lei nº 1.752/1992, que criou o Conselho Municipal do Meio Ambiente e do Patrimônio Cultural do Município de Piraju; posteriormente, em dezembro do mesmo ano, promulgou-se a Lei nº 1.789/1992, que autorizou o Executivo a firmar convênio com a Associação de Defesa da Qualidade de Vida de Piraju (Adevida).

Além dessas medidas legais, na gestão do prefeito José Geraldo Pansanato (1993-1996), criou-se a Secretaria Municipal do Meio Ambiente e Patrimônio Cultural, medida importante para a implementação de novas posturas socioambientais públicas do interesse da comunidade.

Na área educacional, instituiu-se, em 20 de junho de 2008, o Decreto Municipal nº 4.681/2008, que tornou obrigatória a inserção da educação ambiental, de forma transversal e interdisciplinar, nas escolas da rede pública.

O paradigma hidrelétrico ambiental de Piraju foi, então, gradualmente se formando ao longo do século XX e início do século XXI e fortaleceu-se no final da década de 1990, quando a Companhia Brasileira de Alumínio (CBA), empresa do grupo Votorantim, um dos maiores grupos empresariais do Brasil, planejava construir uma nova usina em Piraju. O projeto contemplava o desvio do rio Paranapanema e diminuiria sua vazão no trecho urbano de 300 m^3/s para 10 m^3/s.

A CBA, com sede na cidade de Alumínio, é uma indústria integrada de alumínio, que produz cerca de 60% da própria energia elétrica que consome, grande parte, no regime de autoprodução, motivo de muitas controvérsias. A figura do autoprodutor foi definida pelo Decreto Presidencial nº 2.003, de 10 de setembro de 1996, e indica que a outorga de concessão ou de autorização ao autoprodutor estará condicionada à demonstração, perante o órgão regulador e fiscalizador do poder concedente, de que a energia elétrica a ser produzida será destinada a consumo próprio, atual ou projetado.

O regime de autoprodução considera a geração de energia não como uma mercadoria de comércio, mas como um insumo para a atividade do autoprodutor, pois ele produz para seu próprio consumo. Dessa forma, segundo o princípio que o fundamenta, o autoprodutor deixaria de consumir a energia do sistema público, e este ganharia uma folga. Por essa via, ampliar-se-ia a oferta sem o emprego de recursos públicos.

As usinas hidrelétricas licitadas para o regime de autoprodução, na verdade, subtraem do sistema público a desejável ampliação da oferta, pois a atual legislação permite que o bem público representado pelo rio possa ser apropriado para responder a necessidades de natureza privada, no sentido estrito do termo.

Um grupo de ambientalistas locais, contrários ao projeto original, informou-se junto à Secretaria do Meio Ambiente (SMA) do Estado de São Paulo que o Estudo de Impacto Ambiental (EIA) da denominada Usina Piraju já havia sido concluído e com parecer favorável. Mas os ambientalistas tinham conhecimento de algumas mudanças institucionais no âmbito federal. Passaram, então, a denunciar a condução ilegal do processo, tendo em vista a obrigatoriedade de se realizar audiências públicas para a obtenção da licença ambiental da nova usina.

Mobilizaram-se e obtiveram apoio da mídia para a divulgação dos eventos que programavam. Influenciaram também a Câmara de Vereadores, que realizou uma série de sessões destinadas a discutir o projeto. Com a adesão cada vez maior da comunidade, as ideias lançadas receberam o apoio da Maçonaria e, posteriormente, da Organização Pirajuense de Educação e Cultura (Opec). A Delegacia Regional de Ensino também se engajou e promoveu palestras nas escolas da rede pública.

A população tomava ciência das partes do EIA constantes no processo e muitos questionamentos sobre a construção da Usina Piraju passaram a ter conotação política. O resultado desse embate foi a alteração do projeto por parte da CBA, que o adequou para minimizar os impactos ambientais e sociais, após intensa negociação com a comunidade. No ano de 2002, a CBA concluiu a denominada Usina Hidrelétrica (UHE) Piraju, após dura e intensa negociação com a comunidade.

Antes mesmo da conclusão da UHE Piraju, a CBA deu início aos trâmites legais e burocráticos para a construção de outra hidrelétrica no município, a UHE Piraju II. O projeto da CBA previa a construção de uma pequena central hidrelétrica (PCH), com geração de 28,5 MW de energia que alagaria uma área de 1,4 km^2, com extensão de 4,5 km. Localizada a jusante da UHE Paranapanema, a obra inundaria o último trecho não represado do rio Paranapanema e aumentaria cerca de 25 m as margens originais do rio.

Esse fato mobilizou de forma sensível um grupo de ambientalistas locais, que empreendeu uma verdadeira batalha contra o andamento do projeto. O Instituto Ambiental Vidágua coletou assinaturas de mais de uma centena de ONG durante o encontro da Rede de ONG da Mata Atlântica em São Paulo e durante o encontro do Fórum Brasileiro de ONG. O projeto foi então indeferido pela Secretaria do Meio Ambiente (SMA) do Estado de São Paulo, em 2003, por causa de dados técnicos constantes no EIA.

Durante a construção da UHE Piraju em 2002, a CBA errou o cálculo da área alagada pela represa. A Câmara dos Vereadores elaborou, então, um conjunto mais rigoroso de leis de proteção ao rio. Uma das mais importantes é a lei do interregno, que impede a construção de novas usinas hidrelétricas sem que a anterior tenha completado 20 anos, de modo que os impactos ambientais possam ser devidamente apurados pela comunidade. Instituiu também o tombamento do rio Paranapanema como patrimônio público.

Após essas legislações restritivas, a implantação da PCH Piraju II deixou de ser prioridade da CBA. Além disso, o processo de licenciamento foi indeferido pelo Departamento de Avaliação de Impacto Ambiental (Daia), órgão da Secretaria do Meio Ambiente (SMA) do Estado de São Paulo, em 12 de junho de 2003.

A justificativa foi o fato de a obra prevista ser incompatível com as normas municipais vigentes, o que impossibilita emissão de certidão de uso de solo pela prefeitura de Piraju, decisão ratificada pela Resolução ANA nº 212, de 15/05/2006. Até que, em 10 de dezembro de 2008, a CBA enviou à Agência Nacional de Energia Elétrica (Aneel) a carta nº 40/0902/08 comunicando não lograr êxito na expedição pela prefeitura de Piraju da certidão de uso e ocupação do solo e, dessa forma, não ter mais como impulsionar o licenciamento ambiental da PCH.

Como pano de fundo nesse cenário, estava em construção o Plano Diretor de Piraju. Longos debates, inúmeras audiências públicas, participação de mais de 70 líderes representando todas as tendências e interesses da comunidade. Decidiu-se, por ampla maioria de seus munícipes, que a vocação da cidade seria o turismo atrelado ao desenvolvimento sustentável, incluindo seu ímpar diferencial, as suas águas territoriais. Piraju acabava de receber a alcunha de estância, justamente pelas suas belezas naturais e pelo rio Paranapanema, e passaria a receber por isso recursos do Estado.

O Plano Diretor prevê que as águas de Piraju devem ser preservadas no sentido cultural e natural e destinadas à realização de planos e projetos de desenvolvimento turístico, cultural e de lazer, com o fim de transformar a cidade em uma estância de águas. Ficou clara a rejeição por novas usinas na região, posto que muito pouco contribuíram para o desenvolvimento local e colidiam com a vocação turística sustentável, acordada pela maioria dos pirajuenses e transformada em lei.

A costura política liderada por esses ambientalistas pirajuenses construiu, portanto, uma sólida barreira a novos entrantes com intenções de alterar a rica natureza local. Em 2011 e 2012, viveu-se o auge do poder de manifestações no município contra nova tentativa de construção de uma PCH, no mesmo local pretendido pela CBA. Povo nas ruas, Câmara de Vereadores e poder executivo sob pressão democrática e, mais uma vez, conseguiu-se o indeferimento dessa usina.

Atualmente, há uma plêiade de ONG na cidade que utiliza amiúde as redes sociais para discutir questões de interesse da coletividade, principalmente a proteção do rio Paranapanema e seu entorno. As organizações Adevida, Organização Ambiental Teyquê-pê (OAT), Chega de Usina, Transpira e Piraju Cidade Jardim são alguns exemplos de como é possível engajar-se e participar com poder de influência nas decisões sobre o futuro de uma comunidade.

A consciência ambiental adquirida por longos anos de militância está enraizada no seio da sociedade local. O movimento de preservação ambiental de Piraju certamente vai ficar registrado como um dos capítulos mais importantes da história do município e, quiçá, do país.

A bacia hidrográfica do rio Paranapanema

Com o processo de redemocratização expresso em sua Lei Maior, a Constituição Federal do Brasil de 1988, o Brasil começou a desenvolver políticas públicas pautadas em princípios de descentralização e de participação, principalmente nas políticas voltadas para os sistemas educacional, de saúde e ambiental. Todo esse processo de construção envolvia a participação da sociedade civil, em um modelo descentralizador, ou seja, as decisões teriam a participação da sociedade dentro dos chamados conselhos gestores.

A degradação ambiental antrópica causada aos recursos naturais, entre os quais a água, provocou a elaboração de diversas políticas ambientais com enfoque na sustentabilidade. A água é elemento necessário para quase todas as atividades humanas. Trata-se de um bem precioso, de valor tangível e intangível, que deve ser, a qualquer custo, conservado e protegido. Quando passa a ser visto como um bem essencial e reconhecidamente finito, desenvolve-se a ideia da necessidade de seu planejamento e gerenciamento, tendendo a constar mais fortemente nas agendas dos mais diversos níveis territoriais e políticos.

Ao expandir o horizonte da gestão, a visão totalmente setorizada do uso da água para a geração de energia elétrica sob supervisão do Estado cedeu lugar para uma política pautada nos princípios norteadores da descentralização e participação, de modo que as decisões fossem tomadas de maneira horizontal. Por meio da Lei Federal nº 9.433/97, que instituiu a Política Nacional de Recursos Hídricos, criaram-se mecanismos para uma gestão do recurso hídrico mais favorável a parcerias e mais transparente, de modo que a sociedade civil pudesse ser um agente transformador e tomador de decisão ao lado do Estado e dos múltiplos usuários.

Surgiram então os Comitês de Bacias Hidrográficas, parte do Sistema Nacional e Estaduais de Gerenciamento de Recursos Hídricos. São 173 comitês; 164 estaduais e 9 federais, que constituem fóruns consultivos e deliberativos sobre quaisquer ações que possam afetar o recurso de uma bacia hidrográfica. Eles unem sociedade civil, usuários e poder público para decidir juntos o que querem em relação à gestão de suas bacias hidrográficas, compatibilizando os usos múltiplos, de acordo com as diversidades regionais e realizando o planejamento para a execução de suas decisões.

As principais funções dos Comitês de Bacias, descentralizados e participativos, são: promover o debate das questões relacionadas com os recursos hídricos entre usuários, sociedade civil e poder público; aprovar o plano de recursos hídricos da bacia e acompanhar sua execução; resolver os conflitos dos usuários em primeira instância; propor projetos e programas que visem à sustentabilidade da bacia hidrográfica; e estimular a criação de subcomitês e consórcios intermunicipais.

A participação efetiva da sociedade civil nesses órgãos colegiados é de extrema importância, pois esses organismos se tornaram um canal aberto de interlocução e discussão, em virtude da clara possibilidade de a sociedade organizada defender os interesses da coletividade e desenhar as diretrizes de uma bacia hidrográfica de forma equitativa, para alcançar a sustentabilidade socioambiental e econômica. No entanto, o princípio da gestão descentralizada, integrada, colegiada e participativa, ainda está no seu início, e os entraves são significativos e diferenciados.

Uma das bacias mais expressivas do Brasil é a bacia do rio Paranapanema, que abrange um total de 247 municípios (220 com sede na bacia), dos quais 132 no Estado do Paraná e 115 no de São Paulo. A população total da bacia é de 4.282.202 habitantes, dos quais 62%, do lado paranaense e 38%, do lado paulista. Veja, com mais detalhes, as informações no mapa da Figura 8.

A Política Estadual de Recursos Hídricos, por meio da Lei nº 7.663/1991, dividiu o Estado de São Paulo em 22 unidades de gestão de recursos hídricos. A Bacia Hidrográfica do Alto Paranapanema, onde se insere Piraju, faz parte da Unidade de Gerenciamento de Recursos Hídricos 14 (UGRH 14), composta por 34 municípios da porção paulista da bacia. É um referencial hídrico, com uma área de 22,5 mil km² e população aproximada de 760 mil habitantes.

O Comitê dessa bacia é composto por um colegiado tripartite, com 10 membros dos municípios, 10 da sociedade civil e 10 do Estado. Todas as decisões referentes aos investimentos dos recursos do Fundo Estadual de Recursos Hídricos (Fehidro) e dos recursos oriundos da cobrança pelo uso da água são discutidos em câmaras técnicas e referendados pela plenária do Comitê.

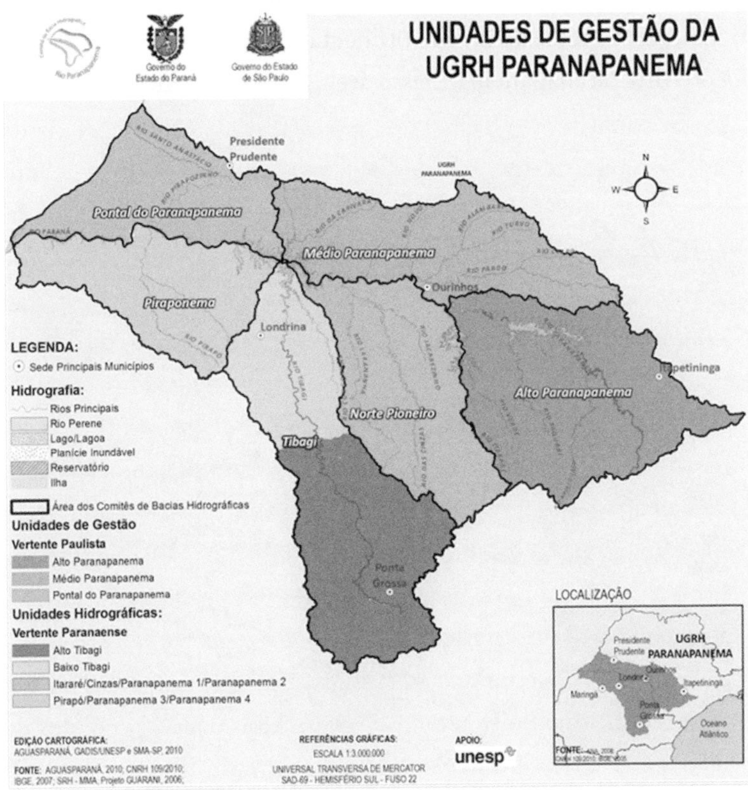

Figura 8 Unidades de gestão da UGRH Paranapanema, PR e SP.

Fonte: Sistema Integrado de Gerenciamento de Recursos Hídricos, 2008.

Os municípios que compõem essa bacia têm, em sua maioria, uma população abaixo de 30 mil habitantes, e os mais populosos são, pela ordem: Itapetininga, Itapeva, Capão Bonito e Itararé. A bacia é composta pelos rios Paranapanema, Apiaí-Guaçu, Taquari, Itapetininga, Capivari, Verde, Itararé e Ribeirão das Almas. O processo de ocupação dessa região foi bastante influenciado pela situação geográfica e pela facilidade de transporte via férrea (Sorocabana), que favoreceu algumas culturas, principalmente o café (Figura 9).

O Inventário de Cobertura Florestal do Estado de São Paulo aponta um total de 2.064.300 hectares (ha) de florestas na Bacia do Alto Paranapanema. Dessa área, 297.910 ha são de vegetação

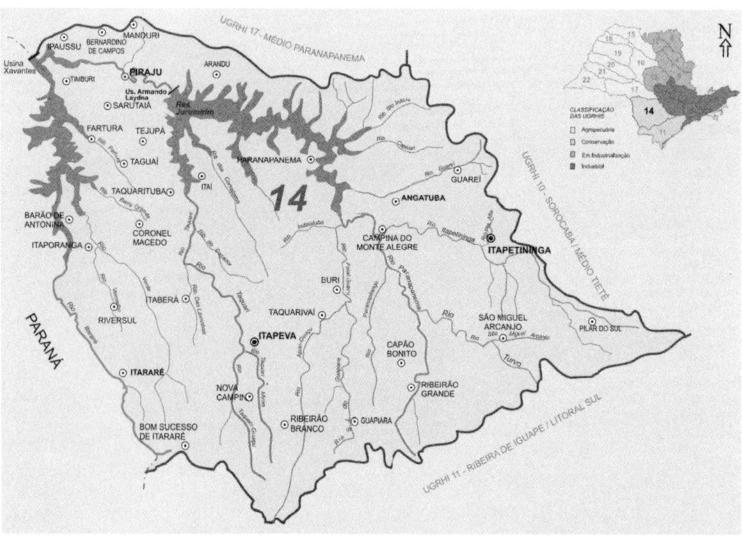

Figura 9 Mapa da Unidade de Gerenciamento de Recursos Hídricos 14 – UGRH 14, PR e SP.

Fonte: Sistema Integrado de Gerenciamento de Recursos Hídricos, 2008.

nativa e 36.748 ha são unidades de conservação. O município com maior vegetação remanescente é Capão Bonito, com 49.579 ha; Piraju possui 60,3 mil ha de florestas, sendo 5.372 ha de vegetação nativa.

Na Bacia do Alto Paranapanema, empresas como a CBA e a norte-americana Duke Energy Geração Paranapanema S/A detêm contratos de concessão para exploração energética hídrica. A economia da região é baseada na agropecuária, com destaque para as culturas de café, algodão, cana-de-açúcar, milho e feijão. A geografia local possui quatro hidrelétricas em pleno funcionamento: Jurumirim (98 MW), Chavantes (414 MW), Paranapanema (32 MW) e Piraju (80 MW).

Entre março e abril de 2010, o município de Piraju recebeu cerca de R$ 300 mil de repasse da Aneel, referente às hidrelétricas que impactaram diretamente no município. Ele é o maior prejudicado por barragens e tem de buscar recursos para projetos sociais e ambientais que minimizem a degradação ambiental pelo qual passa essa bacia, como assoreamento do rio, ocupação desordenada das margens e poluição da água por efluentes.

Se, por um lado, o atrativo turístico contribui com a economia de alguns municípios, por outro, aumenta a degradação ambiental da região na medida em que as áreas no entorno dos rios que compõem a bacia são exploradas, resultando no desmatamento e, consequentemente, na supressão da proteção da mata ciliar, além da poluição da água com o aumento da geração de lixo e de esgoto. Há um crescente incremento no volume de esgoto lançado no rio, fato diretamente relacionado com o crescimento populacional ao longo da bacia e a falta de investimentos em saneamento básico.

Para contribuir com a qualidade ambiental da bacia e, mais especificamente, no entorno da UHE Piraju, é necessária a elaboração de projetos socioambientais que visem ao reflorestamento acelerado das áreas de proteção permanente, por meio de atividades de arborização. Esse compromisso, aliás, foi assumido pela CBA antes da construção da usina.

Também é necessária uma fiscalização assídua sobre o processo de ocupação de moradias às margens do rio, que contribuem com a supressão da mata ciliar. O monitoramento mais eficaz do assoreamento pelo qual o rio Paranapanema vem passando também é um fator prioritário para a qualidade dessa bacia.

O estudo sobre o processo de assoreamento, a qualidade da água e as formas de recomposição da mata ciliar podem ser propostos às empresas que gerenciam a geração de energia no Alto Paranapanema. A compensação financeira proveniente da hidreletricidade gerada pelas usinas da região pode financiar esses projetos de pesquisa e desenvolvimento em âmbitos federal e estadual.

A elaboração de uma política pública municipal transparente, com foco socioambiental, também é necessária, de modo a criar mecanismos pontuais de fiscalização e monitoramento e, assim, direcionar os recursos recebidos para uso efetivo em projetos de mitigação de impactos sociais e ambientais. As informações sobre a compensação financeira embolsada e seu destino não são claramente divulgadas à população.

Piraju não apresentou nenhum projeto de melhoria ecológica no entorno da bacia. O recurso financeiro, de um modo ou de outro, pode ser disponibilizado. Deve-se fazer a cobrança pelo uso dos recursos hídricos da bacia do rio, tarefa cuja implantação é da alçada do comitê da bacia e está amparada na Lei Federal nº 9.433, de 8 de janeiro de 1997.

A cobrança incide sobre aqueles que retiram água diretamente dos rios da bacia, como serviços de água e esgoto, indústrias, mineradoras e irrigantes. A metodologia e os critérios de cobrança recaem sobre a quantidade de água (captação e consumo ou somente captação) e a qualidade de água (demanda biológica de oxigênio, parâmetro poluidor).

Os valores cobrados pelo uso de água são baixos (US$ 1 a 2 *per capita*, enquanto na França é US$ 30) e não sinalizam aos usuários o valor econômico da água e, portanto, não induzem ao uso racional. Cabem então às autoridades e à sociedade civil organizada desenvolver bons projetos, com diagnósticos corretos, e agrupar gestores para executá-los.

O fato é que a gestão de recursos hídricos no Brasil é incipiente e desigual. Alguns Estados como Ceará, Minas Gerais, Rio de Janeiro e São Paulo avançaram, mas a maioria tem precariedade técnica. Faltam, principalmente, equipes técnicas capazes de implementar cadastros confiáveis, monitoramento, sistemas de informação e outorga para se obter controle mínimo sobre as águas.

O que está em jogo agora?

A história novamente se repete. Em 2011, a Energias Complementares do Brasil Geração de Energia Elétrica S/A, ora denominada EC Brasil, empresa com sede em Porto Alegre, Estado do Rio Grande do Sul, constituída em 2006 com capital social de R$ 1,45 milhão, desconhecida nacionalmente e sem nenhuma *expertise* na área de hidrelétricas, apresentou proposta de construção de PCH em Piraju.

A obra foi orçada por essa empresa em R$ 160 milhões, com potência instalada de 28,5 MW e reservatório de 0,6 km^2. O local para instalação da nova usina é justamente o mesmo objeto de desejo da CBA no passado, projeto devidamente rechaçado pela comunidade.

A EC Brasil identificou a importância do esporte de canoagem para o município e oferece, como contrapartida à construção da usina, a implantação de um projeto denominado Centro Aquático Internacional de Aventura. É um parque aquático (Figura 10) com pista artificial de *slalom*, dimensões olímpicas e outros atrativos esportivos e de lazer, seguindo padrões internacionais, nos moldes de um que já existe na cidade de Golden, no Estado do Colorado, nos Estados Unidos, e em outras partes do mundo, como no Parque Markkleeberg, na Alemanha.

Os investimentos para construção do parque estão orçados pela EC Brasil em R$ 10 milhões. A expectativa é que o parque se transforme em área de lazer, possa ser usado todo o ano, possibilite a geração de emprego e renda para a população local e aumente a geração de receitas do município por meio do crescimento dos serviços que estarão vinculados ao complexo turístico e esportivo.

Figura 10 Trecho do rio Paranapanema tombado, com projeção de área a ser alagada em Piraju, SP.

Fonte: Transpira, 2012.

Fazer ou não uma nova usina?

O fato de a energia hidrelétrica ser limpa, renovável e segura não significa que qualquer projeto tenha predominância de impactos positivos – cada caso, um caso. Há muito a se estudar. Especificamente em Piraju, a proposta de uma PCH gera muitos questionamentos e dúvidas, mas há respostas convincentes para a maior parte das questões.

Último trecho de calha natural do rio Paranapanema: é nessa paisagem deslumbrante que se encontram quedas d'água, corredeiras e mata ciliar primária remanescente do bioma Mata Atlântica. Essa mata, área de preservação permanente (APP), protege as margens do rio e cria condições para proteção das águas e para o desenvolvimento da biota local. No Parque do Dourado, há diversas espécies nativas da flora brasileira e dezenas de pássaros raros, entre outras preciosidades da natureza.

A região da bacia do Paraná, especificamente a do rio Paranapanema, está bem servida de energia e, na verdade, "exporta" eletricidade para outras regiões do país. O rio Paranapanema é um dos rios que mais energia produz para o Brasil – 5% do potencial brasileiro. Suas onze usinas têm capacidade instalada de 2.580 MW, suficientes para abastecer uma cidade do porte do Rio de Janeiro por um ano. Piraju, em particular, já contribui, e muito, para a sociedade brasileira com o fornecimento de energia.

A usina Piraju, construída pela CBA – empresa de porte internacional que atende o mercado brasileiro e demandas do exterior –, teve como principal função enviar energia elétrica para manter 5,5 mil empregos na indústria de alumínio da empresa na cidade de Alumínio, composta por 17 mil habitantes, distante 83 km da capital paulista.

Agora, cabe às autoridades brasileiras devolver benefícios que incrementem o desenvolvimento econômico de Piraju. Um deles é o repasse do Imposto sobre Operações Relativas à Circulação de Mercadorias e Prestação de Serviços (ICMS) do consumo de energia que é creditado ao município de Alumínio, apesar de o gerador dessa energia estar em Piraju, processo similar ao ocorrido no caso Ubarana/Promissão.

Em relação ao ICMS, até hoje, há questionamentos sobre o correto repasse desse imposto aos municípios no que tange ao comércio de energia. A cidade de Ubarana, no Estado de São Paulo, teve ganho de causa em 2009, em uma demanda que durou 15 anos contra o município de Promissão, para receber o ICMS gerado em sua usina que era recolhido em Promissão.

O Superior Tribunal de Justiça decidiu, em 2009, pelo critério de territorialidade, que o ICMS recolhido sobre circulação de energia elétrica cabe ao município onde se localiza o gerador energético, no caso Ubarana, e não Promissão, onde está a sede administrativa da usina. Piraju deve ir atrás dessa jurisprudência para obter recursos que, porventura, estejam sendo desviados para outros municípios.

A CBA comprometeu-se com diversas intervenções quando da construção da usina Piraju: geração de empregos permanentes, reforma do hospital local, reflorestamento de área afetada pela obra com espécies nativas, oficinas de educação ambiental, desenvolvimento de sítio arqueológico em parceria com a Universidade de São Paulo (USP), monitoramento da fauna local por dois anos, e acertos com os ribeirinhos desalojados.

No entanto, após a conclusão da obra da usina Piraju, muitas obrigações prometidas estão ainda incompletas. Há várias demandas de ONG locais cobrando cumprimento das contrapartidas da CBA. A separação da CBA e da CPFL em Piraju provocou demissões de muitos trabalhadores locais. Como contrapartida, a CBA montou uma fábrica de manutenção de geradores para usinas hidrelétricas e uma fábrica de postes no município. A empresa de manutenção de geradores já está fechada, e as demissões continuam.

Para o desenvolvimento da cidade em médio e longo prazos, não é estratégico para Piraju a construção da usina no local proposto. Piraju consome por volta de 3,7 mil megawatt-hora (MWh), e as três usinas instaladas na cidade têm capacidade instalada de 210 MW, suficientes para atender mais de 20 cidades do mesmo porte durante um ano inteiro. Além do mais, no local pretendido, há rica biodiversidade, que será seriamente afetada e de forma irreversível, comprometendo uma série de serviços ambientais prestados pelo rio gratuitamente.

Figura 11 Área afetada pela nova usina, com projeção da pista de *slalom*, em Piraju, SP.

Fonte: Transpira, 2012.

Estratégico para Piraju, portanto, é preservar intacto seu maior patrimônio, o rio Paranapanema, e nele desenvolver projetos de turismo sustentável. Fosse outra a situação, qual seja, caso o município estivesse seriamente ameaçado por falta de energia que comprometesse o bem-estar de seus habitantes e do entorno, poder-se-ia analisar essa obra sob outro enfoque.

A tendência, em médio e longo prazos, é aumentar a disponibilidade de novas fontes renováveis e limpas, como a energia solar, eólica e das marés, em patamares baixos, mas o potencial instalado da PCH também é pequeno e pode ser coberto por outras fontes, sem prejuízo da segurança energética brasileira.

A EC Brasil não é uma empresa com suporte financeiro e com *expertise* suficiente para a obra e suas consequentes derivações ambientais de contrapartidas. O histórico de apenas cinco anos de vida dessa empresa é mais afim com energia eólica, nunca executou nenhuma obra de usina hidrelétrica e, nessa área, é uma ilustre desconhecida.

Uma usina altera paisagens de maneira irreversível e exige compromissos de longo prazo, que pode chegar a séculos. É uma temeridade entregar parte do maior patrimônio da cidade a uma empresa de pouca ou nenhuma expressão nacional na área. Os estudos preliminares e as respostas apresentadas pela EC Brasil aos pirajuenses denotam desconhecimento, despreparo e análise superficial da realidade econômica, social, histórica e ambiental do município.

A questão do esporte

A canoagem é muito importante para Piraju, mas não estratégica para seu desenvolvimento e de nenhum município, a ponto de enterrar para sempre a última calha natural do rio em troca de uma pista de *slalom*. A cidade não pode depositar somente nessa atividade o seu futuro esportivo e se esquecer de outras práticas também importantes.

Nações que depositaram todas as suas fichas somente no petróleo sofreram da "doença holandesa" e obtiveram atraso econômico. Ademais, há áreas da cidade de Piraju em que já se pratica a arte da canoagem em alto nível, e há outras opções de locais para construir uma pista de *slalom*, como o projeto da usina Jurumirim, sem, necessariamente, ter de se construir uma nova usina.

Construir uma pista moderna de *slalom* é, a princípio, interessante para a região e para seus esportistas, mas esse projeto suscita muitos questionamentos. O calendário da canoagem é pequeno e o esporte tem pouca penetração no país, daí os questionamentos. Quais serão os impactos ambientais no entorno da APP com essa obra? Quantos eventos irão ocorrer ao longo do ano no local? Terá demanda suficiente para ser um empreendimento economicamente viável que atraia interessados? Quem vai administrar esse complexo? As respostas, certamente, não são muito alvissareiras.

Já existe, em Itaipu, a melhor pista de *slalom* da América do Sul (Figura 12), onde se realizam todos os eventos importantes do país. Piraju já sediou um evento nacional em suas corredeiras

Figura 12 Pista artificial de *slalom* da usina de Itaipu.

Fonte: Itaipu Binacional, 2011.

naturais, consideradas, aliás, uma pista de alto grau de dificuldade. Na Olimpíada de 2016, as competições de velocidade serão realizadas na lagoa Rodrigo de Freitas. Por que não na lagoa Paranapanema?

O que fatalmente ocorrerá é que mais um projeto interessante será abandonado, como já está o Complexo Esportivo Cidade dos Esportes, construído, no Rio de Janeiro, para os Jogos Pan-americanos de 2007, como estão abandonados os estádios de futebol construídos na África do Sul para a Copa do Mundo de 2010 e muitos outros exemplos de obras grandiosas em grandes cidades, verdadeiros elefantes brancos.

A obtenção de resultados de excelência em modalidades esportivas de alto nível só é possível com a execução de projetos bem estruturados, com forte incentivo público e/ou privado, em perspectivas de longo prazo. A canoagem é um esporte elitista, cuja prática exige equipamentos e acessórios dispendiosos – os barcos têm preços que variam de R$ 4,5 a R$ 10 mil.

O Brasil não tem tradição de investir continuamente em esportes de alto nível. Há diversas histórias de modalidades esportivas que tiveram seu auge e declinaram por falta de apoio financeiro e retorno comercial. Podem-se citar diversos exemplos nas modalidades de basquete, vôlei, e, mais recentemente, o futebol de salão do Santos Futebol Clube, ora campeão brasileiro, que foi extinto.

A canoagem brasileira conta com 1,7 mil atletas confederados em 16 Estados e 104 associações, com cerca de 30 mil praticantes. Os principais centros de treinamento encontram-se em São Bernardo do Campo, Caxias do Sul, Rio de Janeiro e Foz do Iguaçu.

A Confederação Brasileira de Canoagem (CBCa) anunciou, em 2011, patrocínio de R$ 10 milhões por ano, oriundos do Banco Nacional de Desenvolvimento Econômico e Social (BNDES), disposto a investir na modalidade até 2016. A liberação da verba, porém, esbarrou em dívidas da entidade, que não conseguiu sacar os recursos via Lei de Incentivo ao Esporte.

Nesse cenário de dúvidas, quem pode viabilizar esse projeto de longo prazo é o governo federal, que terá um dispêndio previsto de R$ 33,5 bilhões para sediar as Olimpíadas de 2016 no Brasil. Na canoagem, disputam-se 16 medalhas de ouro, sendo 4 no *slalom* e 12 em canoagem de velocidade.

O poder público deve responder em que medida vale a pena investir para buscar quatro medalhas de *slalom*, e quanto desse investimento pode ser feito em Piraju, a fim de fornecer infraestrutura e apoio para que os atletas brasileiros busquem essas medalhas. É fundamental que autoridades pirajuenses mantenham viva a atividade de canoagem no município, mas o futuro parece inglório.

A questão do retorno custo-benefício

A PCH não vai gerar recursos financeiros diretos ao município, somente poucos recursos do ICMS. A cidade não receberá a compensação financeira, pois esse encargo só é repassado onde há usinas com potencial superior a 30 MW. As outras usinas instaladas no município, pelo menos, geram um valor mensal perpétuo, cujos recursos podem ser canalizados para o turismo.

Dessa forma, caso um dia seja irreversível para a cidade ter outra usina nesse trecho ora tombado, que seja com potencial superior a 30 MW, para que se receba a compensação financeira, e não que os empreendedores fiquem com os louros dos inúmeros benefícios econômicos de uma PCH.

Um novo empreendimento elétrico vai gerar empregos na cidade, mas a geração de empregos de PCH é insignificante e, em sua maioria, temporária. Na etapa de estudos e projetos, há, aproximadamente, 120 pessoas envolvidas, mas, em grande parte, contratados temporariamente e fora do município. Na fase de obras, com duração média de 2 anos e 6 meses, trabalham cerca de 300 pessoas, majoritariamente trabalhadores de pouca qualificação que vêm de outros locais e, depois de concluída a usina, vão embora.

O pico da demanda por essa mão de obra é de, no máximo, um ano, e depois segue em uma curva decrescente, até a conclusão da obra. Na etapa de operação, manutenção e controles administrativos, trabalham, em média, 30 profissionais e, destes, somente três de nível superior (um engenheiro, um gerente-geral e um gerente de operação). Ademais, não necessariamente esses trabalhadores têm de estar fisicamente no município, já que há tecnologias que permitem que muitas barragens sejam operadas de forma remota.

Haverá benefícios de lazer e turismo com o novo lago. Por outro lado, já há dois outros lagos rio acima, na usina Paranapanema e na usina Piraju, que, até hoje, geraram poucos recursos ao município. Tentou-se destinar a uso similar ao que ocorre no rio Mississipi, nos Estados Unidos, onde há passeios de barco com música ao vivo, mas o empreendimento não foi adiante. Por outro lado, a formação da barragem irá descaracterizar a paisagem natural e tornar inviáveis outros usos futuros, como visitações turísticas na calha original do rio.

Há formas de compensar alguns danos ambientais da nova usina, mas há transformações irreversíveis na paisagem e na hidrologia quanto às condições de flora, fauna, regime pluvial e até clima local. O balanço ambiental de uma usina é sempre negativo e, nesse caso, potencializado pelo fato de o projeto em análise estar dentro do perímetro urbano do município e, por montante, já existir duas outras usinas, que, em cascata, aumentam sobremaneira os danos ambientais.

O município irá se beneficiar socialmente com a obra, por meio de geração de empregos diretos e indiretos e área de lazer diferenciada. De outra forma, a água represada no perímetro urbano pode acarretar problemas de saúde, como febre amarela e leishmaniose, entre outras. O enorme contingente de trabalhadores traz, em seu rastro, considerável aumento de consumo de álcool e drogas. Há, também, incremento da prostituição, das doenças sexualmente transmissíveis e maior índice de gravidez de adolescentes.

A nova usina não trará nenhum benefício cultural, pelo contrário, irá se inundar para sempre um trecho de sítios arqueológicos, o único de calha natural do rio. As futuras gerações, certamente, irão questionar os embasamentos da decisão das atuais gerações de se construir essa obra – para o bem ou para o mal.

Essa represa não melhora a capacidade estratégica de armazenamento de água. Já existem duas usinas rio acima com capacidade muito maior. Além disso, a PCH será construída a fio d'água, ou seja, com pequeno reservatório. Quanto à proteção de águas subterrâneas, o pântano que se forma com depósitos de sedimentos pode ser prejudicial para o aquífero Guarani.

Os desafios e as barreiras

Para a construção do empreendimento, é necessário revogar diversas leis e posturas municipais de proteção ao maior patrimônio pirajuense. São elas:

1. A lei que instituiu o Plano Diretor (Lei nº 2.792, de 8 de junho de 2004) e define que a área pretendida para usina é considerada de preservação ambiental e para desenvolvimento do turismo, além de preservar uma faixa de 500 m ao longo das margens do rio.
2. A Lei Orgânica do Município de Piraju, que impede a construção de novas usinas hidrelétricas no rio (art. 187).

3. A Resolução do Conselho Municipal de Meio Ambiente e Patrimônio Cultural (Resolução nº 1, de 2 de agosto de 2002), que tomba 7 km do trecho de calha natural do rio por ser dotado de elementos de valor cênico, paisagístico e cultural para a comunidade.
4. A Lei do Interregno (Lei nº 2.654, de 12 de setembro de 2002), que fixa o prazo de 20 anos para se discutir ou não a construção de novas usinas hidrelétricas.
5. A Lei de Criação da Unidade de Conservação de Proteção Integral (Lei nº 2.634, de 26 de junho de 2002), que criou o Parque Natural Municipal do Dourado.
6. As diretrizes da política municipal de meio ambiente, do Sistema Municipal de Meio Ambiente e Patrimônio Cultural de Piraju (SISMMAP), que definem o rio como patrimônio dos cidadãos.

Ainda que a sociedade pirajuense decida abrir mão de todo esse importante cabedal institucional em face de uma nova usina em suas águas, deve-se obter a aprovação estadual pelos EIA e pelos RIMA e vencer o artigo 196 da Constituição do Estado de São Paulo, que inclui o vale do rio Paranapanema dentre os espaços territoriais especialmente protegidos e assegura sua preservação ambiental.

Há que se obter também aval do Instituto Brasileiro de Meio Ambiente e dos Recursos Naturais Renováveis (Ibama), visto que o rio Paranapanema é de legislação federal. Nesse âmbito, está em vigor a Lei do Código Florestal de 1965, ampliada pela Lei nº 7.511/1986, que define uma APP como as faixas que vão de 30 a 200 m ao longo de cursos d'água. A obra de uma nova usina fere também o comprometimento internacional do Brasil como signatário da Convenção de Ramsar, ratificada pelo Decreto nº 1.905/1996, no qual o país se compromete com o desenvolvimento de uma política especial de proteção de zonas úmidas.

O arcabouço institucional municipal é o retrato da formação da consciência ambiental do povo pirajuense ao longo de décadas. Os temas ambientais são espinhosos e foram discutidos à exaustão entre comunidade e poderes constituídos, e devidamente aprovados pela vontade soberana e democrática da maioria da população. Em um regime político democrático, esse *status* ambiental pode mudar, desde que a maioria do poder legislativo e o executivo assim entendam, mas nunca sem antes ouvir a voz da coletividade – que já se mostrou, em sua maioria, contrária a novas obras de usinas na região.

Todos os movimentos contrários à construção de uma nova usina em Piraju, entre 2010 e 2012, surtiram efeito. Em julho de 2012, a Companhia Ambiental do Estado de São Paulo (Cetesb) enviou à EC Brasil um ofício que comunica a impossibilidade da emissão do Termo de Referência de Avaliação Ambiental de Empreendimento para a denominada PCH Piraju II, e arquivou o Processo Impacto nº 124/2012. Essa decisão foi referendada também pela Aneel, por meio da Superintendência de Estudos Hidroenergéticos (SGH) em agosto de 2012, que arquivou o Processo nº 48500.002.154/2010, em função da existência dos inúmeros recursos legais que impedem tal obra.

Tudo indica que a maior parte da sociedade pirajuense não quer a nova usina. Esse sentimento está expresso no vasto acervo de leis e posturas que impedem novas usinas, e também em todo histórico das hidrelétricas existentes na região, as quais pouco interferiram positivamente para o desenvolvimento da economia local, de forma sustentável. A decisão mais prudente, equilibrada e de bom-senso é esperar, conforme lei em vigor no município, o interregno de 20 anos para avaliar, com mais rigor e profundidade, os impactos de uma usina na comunidade.

Há, portanto, tempo para que as escolas da cidade incentivem estudos e trabalhos de conclusão de curso que esmiúcem os impactos positivos e negativos das usinas no município e seu entorno. O poder público também deve contar com técnicos competentes para acompanhar e avaliar o que essas empresas de energia proporcionam aos seus munícipes. Deve contratar os serviços de especialistas, mestres e doutores no assunto, a fim de desenvolver estudos de alto nível, dissertações e teses que possam elucidar o que é o negócio energético para o local e quais os caminhos para o desenvolvimento sustentável do município.

O resultado analítico

Baseado em informações, dados e estudos e tendo como parâmetro a Resolução Conama nº 001, de 23 de janeiro de 1986, estruturou-se uma análise dos prós e contras da instalação de uma nova usina em Piraju. Sem entrar no mérito de atribuir pesos distintos em função de parâmetros de abrangência, frequência, temporalidade, magnitude, reflexos ou reversibilidade dos impactos ou da importância de uma área em detrimento de outra. A seguir, a Tabela 20 traz um resumo analítico dos impactos de forma simplificada e condensada para efeitos de melhor compreensão, separados por área.

Vê-se, pelo resumo do estudo, que há enorme predominância de impactos negativos (69,3%) ante os positivos (30,7%), com destaque para os itens ambientais (46% do total de impactos). A única área que traz algum equilíbrio entre pontos positivos e negativos é a econômica, mas tal benefício se dilui no longo prazo e perde importância no cômputo geral, em razão dos demais malefícios ambientais, sociais e culturais, na sua maioria, irreversíveis.

Conclui-se, portanto, com todo esse estudo, que não é recomendável construir uma nova usina hidrelétrica no município, nos moldes do que está sendo proposto.

Curvar-se ao poder econômico para implantar uma obra à custa do patrimônio ecológico e cultural, maior riqueza do município, significa privilegiar uma visão estreita, de curto prazo, que vai contra as posturas de desenvolvimento econômico, social e ambiental sustentável.

Tabela 20 Impactos positivos e negativos da instalação de uma nova usina em Piraju, SP

ÁREA AMBIENTAL		
IMPACTOS POSITIVOS	1	Energia limpa, renovável e segura
	2	Formação de estoque de água e lago para recreação
	3	Permissão do uso de energia complementar (solar, eólica)
	4	Centro de referência de conhecimento (laboratório de flora, fauna e educação ambiental)
IMPACTOS NEGATIVOS	1	Irreversibilidade de restauração do ecossistema
	2	Prejuízo à hidrologia (barragem e controle de fluxos artificiais)
	3	Prejuízo à fauna
	4	Prejuízo à flora
	5	Prejuízo ao solo
	6	Poluição com gases de efeito estufa (GEE) (gás carbônico e metano)
	7	Alteração no microclima (ar e chuvas)
	8	Potencialização dos impactos – perímetro urbano
ÁREA ECONÔMICA		
IMPACTOS POSITIVOS	1	Renda (emprego, impostos, turismo)
	2	Segurança energética
IMPACTOS NEGATIVOS	1	Poucos empregos diretos
	2	Não paga compensação financeira
	3	Carestia durante e após a obra (infraestrutura insuficiente)

(continua)

(continuação)

ÁREA SOCIAL		
IMPACTOS POSITIVOS	1	Novo lazer à população (lago, recreação, esportes náuticos)
	2	Empregos diretos e indiretos
IMPACTOS NEGATIVOS	1	Desapropriação de ribeirinhos
	2	Prejuízo a pescadores
	3	Incremento do uso de álcool e de drogas
	4	Possibilidade de doenças com águas retidas (febre amarela, leishmaniose)
	5	Disseminação de doenças sexualmente transmissíveis e aumento do índice de gravidez de adolescentes
ÁREA CULTURAL		
IMPACTOS POSITIVOS		Nenhum
IMPACTOS NEGATIVOS	1	Perda de patrimônio histórico, arqueológico e cultural (sítios)
	2	Perda definitiva da calha natural de corredeiras

Resumo dos impactos da PCH Piraju II

ÁREA	IMPACTOS POSITIVOS		IMPACTOS NEGATIVOS	
	PONTOS	%	PONTOS	%
AMBIENTAL	4	15,3	8	30,7
ECONÔMICA	2	7,7	3	11,6
SOCIAL	2	7,7	5	19,3
CULTURAL	0	0	2	7,7
TOTAL	8	30,7	18	69,3

É tempo de "atravessar o Rubicão"

Como resolver o problema crônico pirajuense de estagnação de sua economia? Para onde deve caminhar a cidade? Qual é sua vocação? Quem serão os principais atores de uma nova era?

A travessia de um pequeno riacho no norte da Itália, em 49 a.C., tornou-se um dos acontecimentos mais marcantes e decisivos da história da humanidade. Por decisão do Senado e de seu inimigo político Pompeu, o imperador Caio Júlio César foi destituído do cargo de governador das Gálias e recebeu ordens para depor armas. Júlio César, ora isolado do poder, estava hospedado na cidade de Ravena, na região da atual Emília Romana, nordeste da Itália, e decidiu não se resignar. Invadiu com seu exército a Península Itálica, conquistou Roma e mudou o mundo.

Para pôr em prática essa ação de coragem ímpar, tomou a decisão crucial de atravessar o rio Rubicão, em direção a Roma e, assim, tomar o poder de Pompeu. Com as palavras *alea jacta est* (a sorte está lançada), cruzou o rio – ação terminantemente proibida pelas autoridades por questões de segurança – e foi em busca de novos tempos para seu povo. O Império Romano e o início da cultura europeia moderna emergiram a partir dessa travessia.

"Cruzar o Rubicão" significa, portanto, abandonar para sempre o isolacionismo, tomar uma decisão corajosa e arriscada, de maneira irrevogável, sem volta, focado em um sonho de conquista. Nas caminhadas por terras aparentemente firmes, às vezes surgem águas turbulentas no horizonte e, nesse instante, não se pode ficar à margem. É preciso cruzá-las, com coragem, para construir um novo tempo e, para tanto, é preciso parar, refletir, fazer um balanço, pensar grande. Afinal, há momentos em que é hora de romper com o passado, "atravessar o Rubicão" e construir um sonho.

Piraju está nesse momento único de transpor definitivamente o "Rubicão", na hora da verdade, da decisão: continuar acomodada com o atraso crônico, cômodo aos conservadores, ou buscar novos caminhos. O município paulista já foi vanguarda nacional, passou por experiências de crescimento, depois se estagnou no deserto das incertezas e da resignação. Prostrou-se e aquiesceu com modelos anacrônicos de desenvolvimento econômico. Entrou em longo processo de decadência, viu seus vizinhos crescerem e tem, agora, a chance de enfrentar sua verdade. Deve separar-se do modelo antigo desgastado pela estagnação e moldar-se por novas realidades.

Muito da vanguarda política brasileira tem origem na sua maior cidade, São Paulo. Um exemplo recente é a criação da Lei Orgânica do município paulista, a qual dispõe sobre a obrigatoriedade de todo prefeito apresentar um plano de metas para a sua gestão que contenha todas as promessas de campanha e todas as metas devem contemplar o desenvolvimento sustentável da cidade.

Outras cidades seguiram o exemplo e introduziram a mesma legislação, entre elas Rio de Janeiro e Belo Horizonte. No final de 2011, diversas organizações lançaram um programa denominado Cidades Sustentáveis, com o objetivo de comprometer candidatos e futuros prefeitos a estabelecer um plano de metas baseado em um conjunto de indicadores prioritários para a sustentabilidade urbana.

Historicamente, as cidades cresceram e prosperaram em locais em que a geografia, o clima e outros atributos naturais eram mais favoráveis. As cidades somente podem continuar a prosperar resguardando os recursos naturais, que são os pilares centrais de suas economias e da sua qualidade de vida. Cidades mal administradas contribuem cada vez mais com as severas preocupações ambientais globais.

Ainda não existe no mundo uma cidade que possa ser considerada totalmente sustentável. Mas imagina-se que, até 2020, várias poderão ser. O conceito de *ecocity* – uma cidade pensada para ser inteiramente sustentável – está nascendo. Em Dongtan, na China, a primeira fase do projeto, pronta em 2010, contempla 10 mil moradores. Até 2050, 500 mil habitantes devem se mudar para lá. Os prédios vão consumir menos água, a energia será gerada em usinas solares e eólicas, e pretende-se reciclar até 80% do lixo. O planejamento urbano em pequenos núcleos favorecerá deslocamentos a pé ou de bicicleta.

As cidades são um ecossistema criado para a plena realização dos seus habitantes, onde tudo está inter-relacionado e tudo é interdependente. Elas nasceram para facilitar o compartilhamento de informações, amizade, bens materiais, cultura, conhecimento, intuições, habilidades, e também troca de apoio emocional, psicológico e espiritual.

Cidades sustentáveis são aquelas em que todos os habitantes têm direito à terra urbana, à moradia, ao saneamento ambiental, à infraestrutura urbana, ao transporte e aos serviços públicos, ao trabalho e ao lazer, para as atuais e futuras gerações.

Se grande parte dos problemas ambientais globais tem origem nas cidades e em seus modos de vida, dificilmente se poderá atingir a sustentabilidade, ao nível global, sem que elas sejam sustentáveis. É nas cidades que as dimensões social, econômica e ambiental do desenvolvimento sustentável convergem mais intensamente. Assim, torna-se necessário que sejam pensadas, geridas e planejadas de acordo com um modelo de desenvolvimento sustentável.

Está em tramitação no Congresso Nacional uma Proposta de Emenda Constitucional (PEC nº 52/2011), apresentada pela sociedade civil, que compromete presidentes, governadores e prefeitos, em todo o Brasil, a apresentar um plano de metas para o desenvolvimento sustentável. A escolha de indicadores e de metas a serem alcançadas é política. É a opção do modelo de desenvolvimento e da sociedade que se quer para o futuro – nada mais democrático e transparente.

A "travessia do Rubicão" para Piraju significa, pois, desligar-se de posturas imaturas e partir para a busca de novos caminhos de transformação. Do lado de lá "do Rubicão", novas técnicas de gestão esperam a sua vez. O anseio de modernidade e de construção de uma verdadeira sociedade cidadã significa, exatamente, desvincular-se de modelos paternalistas de administração ainda reinantes em muitas partes do Brasil.

Mas como "atravessar o Rubicão"?

A cidade possui bom arcabouço jurídico para seu desenvolvimento, como o Plano Diretor e as posturas de proteção de suas inúmeras riquezas naturais, que impedem ocupações desordenadas – eventos comuns em diversas cidades litorâneas do Brasil, que cresceram de forma desorganizada e sob o olhar leniente do poder público.

Esperar soluções só do poder público ou só do setor empresarial é a passividade perversa, companheira fiel do comodismo arcaico, sem espaço em ambientes de eficiência. O poder público carece de lideranças de Estado, e não de governo, com visão de longo prazo, e não do tamanho de seus mandatos; os empreendedores têm de ter a visão certa dos benefícios do desenvolvimento sustentável; e a população tem de participar e cobrar, dos detentores de capital e poder, qualidade de vida para todos.

Basicamente, a empresa pública Estância Turística de Piraju, que possui 29 mil abnegados trabalhadores, deve implantar um programa executivo estratégico de choque de gestão com metas de curto, médio e longo prazos. Para isso, tem de se cercar de profissionais com visão de futuro, portadores de elevado nível técnico para produzir diagnósticos precisos de seu *status* atual, a fim de executar um plano integrado de desenvolvimento sustentável que tenha, como mola mestra, o uso equilibrado de seu maior patrimônio – a beleza natural do rio Paranapanema e seu entorno.

São todos grandes projetos que podem ser viabilizados por meio de parcerias público-privadas, face aos vultosos recursos exigidos. Propiciam criar atividades geradoras de emprego, renda e bem-estar, mas geram também desequilíbrios, caso se utilize os espaços de forma inadequada. Buscar viver no ponto de equilíbrio é o grande desafio de concentrações humanas que desejam a sustentabilidade e sonham ser cidades verdes.

Dos 5.292 municípios brasileiros, somente 417 geram mais dinheiro público do que gastos. O orçamento do município de Piraju para 2014 é de R$ 65.934 bilhões de reais, e cerca de 80% desse valor é proveniente de transferências dos governos federal e estadual.

Prioritariamente o poder público, o detentor da chave do cofre e da direção a seguir, tem de melhorar a infraestrutura local de vias públicas, transportes, saúde, educação, coleta e armazenamento de lixo, saneamento básico, paisagismo. Na área turística, deve sinalizar claramente o que quer, e ser o grande articulador e fomentador de seu plano municipal de turismo. Desenvolver essa atividade em um caminho claro e sustentável, que atraia investidores, com a divulgação profissional da história, das belezas e da estrutura locais.

O recurso que o Governo do Estado de São Paulo destina a Piraju por meio do Dade, por causa de seu *status* de Estância Turística, deve ser canalizado para um fundo em uma conta exclusiva no orçamento municipal e ser utilizado somente em melhorias na infraestrutura de turismo.

Empreendedores certamente vislumbrarão regras claras, vontade política e oportunidades. Desse modo, os investimentos e as parcerias seguramente irão ocorrer para viabilizar hotéis na cidade e no campo, pousadas, restaurantes, complexos de ecoturismo com passeios, guias, roteiros. Exploração de serviços de "pesque e pague", pesca esportiva, passeios de barco, encontros náuticos, trilhas por entre as matas e por sobre o rio, oficinas de mergulhos, caminhadas para jovens e terceira idade.

Piraju, apesar de bem servida de estradas, encontra-se distante do maior centro econômico-financeiro do Brasil, a cidade de São Paulo, o que, de certa forma, dificulta a vinda contínua de turistas. Deve, em um primeiro momento, tentar ações de captação de turistas em regiões mais próximas, em um raio de até 200 km, para alavancar o turismo local de forma perene.

No entorno dos municípios da Associação dos Municípios do Vale do Paranapanema (AMVAPA), da União dos Municípios da Média Sorocabana (MMES) e do Consórcio de Desenvolvimento das Regiões Sul e Sudoeste do Estado de São Paulo (Condersul), estão 42 municípios com mais de um milhão de pessoas. Enxergando mais longe, é atrativo investir em atração de turistas de municípios como Londrina e seu entorno no Paraná, ou mesmo Bauru e seu entorno – cidades de grande porte e com massa crítica que possam alavancar e dar sustentação a projetos turísticos bem feitos na área ecológica, de náutica e pesca.

No âmbito do turismo cultural, finalizar o processo de restauração do bonde elétrico que circulava na cidade no início do século XX, o qual pode ser utilizado em percursos curtos de forma integrada com passeios de barco e de teleférico. Buscar réplica do trem que fazia o percurso pela ferrovia construída pela Companhia Estrada de Ferro Sorocabana nesse mesmo período e expôr esse rico acervo nas dependências da estação, construída pelo arquiteto Ramos de Azevedo, transformando-a em um museu, com documentos e objetos que retratem aquela época de ouro da história brasileira e local.

A criação de pescados em cativeiro, a aquicultura, pode representar uma grande oportunidade para o município. O Brasil é apenas o 13º maior produtor de pescados em cativeiro, e o consumo *per capita* brasileiro é metade do mundial. A indústria pesqueira está muito aquém da avícola e bovina em produção e tecnologia. Enquanto em um hectare de terra se produz uma tonelada de carne, em um hectare de água se produz 200 toneladas de peixe. Há projetos do Ministério do Meio Ambiente (MMA), do Ministério da Pesca e da Embrapa Pesca e Aquicultura que objetivam aumentar e qualificar a produção de peixes no país, com impacto ambiental mínimo.

Outra oportunidade é incrementar o esporte de canoagem, já em destaque nacional, com a criação de um centro de formação e treinamento de atletas de alto nível e busca de patrocinadores. A Associação Pirajuense de Esportes Náuticos (Apen) é um dos quatro núcleos de canoagem no Brasil contemplado com o selo de qualidade da CBCa. Isso permitiu à Apen receber um grande lote de barcos e equipamentos por meio de recursos do Ministério dos Esportes.

A Duke Energy já mostrou interesse em viabilizar uma pista de *slalom* nas imediações da usina Jurumirim. O projeto inicial prevê um canal de 950 m de comprimento com desnível de 30 m; e pista de 250 m com desnível de 10 m. Ao lado desse canal, pode-se construir uma escada para peixes, que além de atração turística seria importante para a piracema (Figura 13).

A perfuração de poços artesianos a até 1.000 m de profundidade é uma excelente alternativa para buscar água com temperaturas elevadas, a fim de se construir diversas termas no complexo de águas.

Outro viés de desenvolvimento seria investir na indústria de água mineral, um produto que será cada vez mais escasso e caro, com implantação desses poços e posterior envasamento e comercialização. As fontes das águas de Piraju podem se diferenciar por meio de um selo de qualidade e procedência sustentável que acrescente valor ao produto.

Figura 13 Projeção da pista de *slalom* e da escada para peixes na usina Jurumirim, SP.

Fonte: Transpira, 2012.

Devem ser concedidos benefícios fiscais para interessados em construir, por exemplo, hotéis em um complexo de águas de primeira classe, nos moldes do existente ao lado da represa de Barra Bonita, ou o existente na cidade de Olímpia. Esse complexo pode se localizar no Parque Fecapi, pelo seu belo visual, ou mesmo a montante na margem do rio, próximo ao Iate Clube Piraju, ambos locais com belo visual e área disponível.

Cita-se muito o exemplo de sucesso do turismo de aventura de Brotas, cidade também do interior paulista. Há outros muitos exemplos de municípios brasileiros que desenvolvem bem o turismo local. Por que, então, não estudar em detalhes o que fazem, e aplicar o que deu certo em Piraju? Por que não lutar por uma faculdade de turismo sustentável e/ou educação e gestão ambiental?

O que não se pode mais é protelar o desenvolvimento local sob desculpas de omissão do poder público ou de falta de empreendimentos e empreendedores. O mais importante é a "dádiva divina" das belezas naturais, concedidas à exaustão para Piraju. É preciso então usufruir de forma sustentável dessa beleza ímpar e ter vontade política para "atravessar o Rubicão".

Na área ambiental, implantar áreas de estações ecológicas, reservas biológicas, parques estaduais, reservas de desenvolvimento sustentável, reservas extrativistas e unidades de conservação são boas opções. Ao se implantarem essas áreas naturais, além de incentivar o desenvolvimento do ecoturismo, o município se beneficiaria com repasses do ICMS ecológico e de compensações financeiras de empresas poluidoras.

Nas dependências das usinas, podem-se, por exemplo, construir centros de referência em conhecimento para desenvolver estudos científicos por meio de viveiros de flora e fauna locais, com ênfase na silvicultura e na aquicultura. Como outras sugestões, podem-se promover, nesses centros, seminários e palestras de conscientização e educação ambiental; cursos avançados de capacitação de mão de obra especializada em energia elétrica, gestão ambiental e manejo de recursos naturais. Tantas ideias, tantos projetos, e há lugar sustentável para todos. Confira, na Figura 14, onde pode ser implantado cada projeto de aproveitamento turístico no entorno do Paranapanema.

A Duke Energy já desenvolve ideias similares em parceria com diversos institutos, inclusive em Salto Grande. Por que não em Piraju? A Estação de Hidrobiologia e Aquicultura da Duke Energy na usina Salto Grande, com 22 mil m² de área, possui laboratórios para análises da água e reprodução de peixes, tanques de larvicultura e 53 tanques de alevinagem e estocagem de peixes reprodutores.

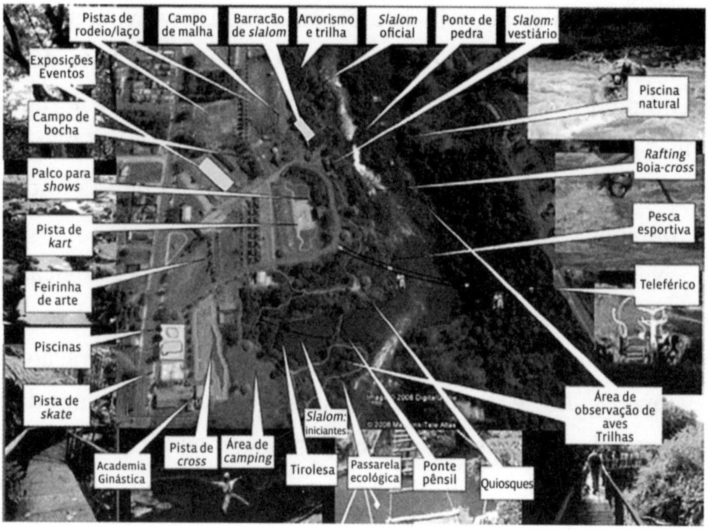

Figura 14 Sugestão de aproveitamento turístico para o trecho do rio Paranapanema e seu entorno.

Fonte: Transpira, 2012.

O programa de Manejo Pesqueiro da Duke Energy tem como principal foco de atuação manter o equilíbrio do ecossistema e preservar a biodiversidade e a riqueza da fauna aquática do rio Paranapanema. Iniciado em 2001, promove, anualmente, a soltura de 1,5 milhão de peixes na bacia. O programa serve como referência para outras ações do gênero em todo o Brasil.

Como consequência muito positiva desse trabalho, são criadas condições para o desenvolvimento das comunidades regionais por meio da pesca profissional e esportiva, conscientizando seus habitantes quanto ao controle da poluição do rio e ao respeito à piracema.

Diz um provérbio africano que “águas sujas não podem ser lavadas”; há então de as proteger. Na área de proteção patrimonial, deve-se lutar pelo tombamento do trecho de calha natural no âmbito estadual e federal; buscar transformar esse santuário internacional em patrimônio da humanidade; e então obter recursos para investir em infraestrutura para turistas. Isso evitaria, de forma definitiva, o aproveitamento energético desse trecho do rio, que é sempre arriscado e, normalmente, sem contrapartidas ao município – a não ser compensações legais.

Piraju pode voltar a ser vanguarda nacional. E que a estrela da Estância Turística de Piraju brilhe forte *ad aeternum*!

Considerações finais

A SUSTENTABILIDADE AMBIENTAL CLAMA PELA construção de novas regras que estão, lentamente, tomando corpo por todo o mundo. Com a crescente conscientização ambiental, a sociedade organizada, de olho no passado, deve evitar seus erros e tomar as lições positivas como alicerces de convívio futuro, em busca da construção de uma sociedade sustentável.

O que outrora era um paradigma inquestionável, como a ocupação da Amazônia na década de 1970, hoje se aproxima de um paradoxo, como qualquer intervenção que destrua partes desse bioma.

Ser favorecido por recursos naturais que se transformam em fontes de produção de energia é estratégico para qualquer sociedade, entre outros fatores, porque reduz a dependência de suprimento externo e permite segurança no abastecimento energético, vital ao desenvolvimento econômico e social.

Os questionamentos levantados neste livro não pretendem condenar a opção hidrelétrica como alternativa de geração de energia, mas, sim, explicitar todos os impactos que qualquer construção causa e deixar isso claro para a sociedade, para que esta possa, de forma soberana e democrática, decidir em quais fontes de energia irá apoiar sua prosperidade sustentável. O problema crucial é que a transição de um regime energético para outro é de caráter estrutural, leva décadas ou séculos, e uma fonte não substitui outra de imediato, há sempre interposições.

A sociedade brasileira precisa ser informada sobre a dimensão dos impactos que as diversas fontes de geração de energia elétrica causam, para buscar consenso e avançar com soluções para obter a expansão de seu parque gerador elétrico. Dado o estágio de desenvolvimento econômico e social do Brasil e as promissoras perspectivas, haverá um forte aumento do consumo de energia ao longo das próximas décadas.

Faltar energia, como ocorreu no apagão de 2001 no Brasil, seria um cenário inadmissível e catastrófico para o país. Novas unidades produtoras de energia têm que ser construídas por todo o país e trarão em seu bojo diversos impactos, principalmente ambientais.

Emerge o papel do Estado como indutor do desenvolvimento, mormente de longo prazo, ao criar ambiente favorável a investimentos privados e implantar programas de geração de empregos e renda. Na área energética, é imprescindível utilizar recursos de bancos de fomento para financiar projetos de viabilização em escala de energia eólica, solar e das marés.

Para incentivar a utilização de fontes alternativas de energia, foi criado pelo governo federal em 26 de abril de 2002, por meio da Lei nº 10.438, o Programa de Incentivo às Fontes Alternativas de Energia Elétrica (Proinfa). O Proinfa considera projetos de geração de energia por intermédio da força gerada pelos ventos (energia eólica), pelas pequenas centrais hidrelétricas (PCH), e também oriunda de bagaço de cana, casca de arroz, cavaco de madeira e biogás de aterro sanitário (biomassa). Esse programa ainda não se consolidou em função de dificuldades para obtenção de financiamento, qualidade insuficiente dos projetos propostos e problemas de disponibilidade das terras para a implantação dos empreendimentos.

Todos sabem que o esgotamento dos recursos naturais e as mudanças climáticas irão afetar drasticamente suas vidas caso não sejam corrigidos os rumos do crescimento desenfreado da economia mundial. Empresas, cidadãos e poder público provocam impactos no meio ambiente e na sociedade. Devem identificar-se com senso de realidade esses impactos e minimizá-los. Gestão de energia, de terra, de água, enfim, de todos os recursos naturais, significa redução de custos e de danos ao meio ambiente e à sociedade.

Além da complexidade do problema ambiental, para se atingir consenso, deve-se solucionar outro impasse entre as posições antagônicas de ambientalistas extremos e céticos. Os extremados, ou "ecoxiitas", parecem preconizar a volta às cavernas, e qualquer agressão ao meio ambiente, mesmo que pequena, deve ser evitada. Não possuem senso de realidade – a ideologia eco-radical está acima do bem e do mal – e não admitem, por exemplo, que a luta pelo extermínio da pobreza demande energia e que sua geração possa atingir alguns grupos sociais e degradar o ambiente.

Os céticos, ou "ecocéticos", tentam viabilizar empreendimentos de forma indiscriminada e, com menores custos, desejam o salvo-conduto para qualquer construção. Nessa abordagem, danos ambientais são inevitáveis, pois o crescimento econômico e o desenvolvimento são considerados prioridades absolutas.

É sempre imprescindível comparar, de forma desapaixonada, os benefícios que a energia pode trazer *versus* os custos sociais e ambientais de sua geração. Os países industrializados possuem somente 20% da população mundial, mas respondem por 51% das emissões de gases de efeito estufa (GEE). Um habitante norte-americano emite 25 toneladas (t) de GEE por ano; um europeu, 10 t; um sul-americano, 6 t; um chinês, 4 t; e um africano, pouco menos de 3 t. No entanto, os países em desenvolvimento vêm mudando esse cenário, principalmente a China, a Índia e o Brasil, com suas indústrias devoradoras de energia, urbanização desenfreada, rápida expansão dos transportes, produção maciça de eletricidade por meio do carvão, queimadas e desflorestamento.

Em processos de escolhas conflituosas – em que ao se resolver um problema, gera-se outro, há de se encontrar um meio-termo de equilíbrio e bom-senso entre esses dois extremos. No estudo de caso abordado aqui, estabeleceu-se um importante *trade-off* (conflito), o qual carece de breves soluções.

Existe uma parcela de ambientalistas que debate de forma responsável a sustentabilidade; o equilíbrio entre a necessidade de energia para o crescimento, a melhoria de qualidade de vida e os cuidados para a preservação ambiental; e a minimização dos inevitáveis impactos causados por projetos desenvolvimentistas, principalmente na área energética.

É uma difícil tarefa para os órgãos ambientais competentes, que devem se aparelhar para tomar decisões e se posicionar de forma sensata, imparcial e sem paixões. Os ambientalistas precisam de ponderação, os empreendedores têm de entender que as intervenções bruscas na natureza, em nome do progresso a qualquer preço, são atitudes do passado e que cabe ao Estado garantir legalmente esse *status* de equilíbrio, em prol do desenvolvimento de sociedades sustentáveis. Em resumo, a melhor política é aquela que passa ao largo da intolerância e do radicalismo e estaciona no equilíbrio.

O ser humano, mais do que nunca, tem de responder em qual mundo quer viver. Grandes impasses mundiais, via de regra, resolvem-se com a convergência sustentável dos padrões de vida, ou seja, caso os países emergentes não cometam os mesmos erros dos perdulários países ricos, como o consumo de energia por habitante quatro vezes superior ao dos países pobres, e os países desenvolvidos baixem seus patamares de consumo atual.

Estacionar na zona de conforto da lógica capitalista, qualquer que ela seja – maximização de lucro e economia do descarte –, em curto prazo acarreta pesados custos. Líderes visionários sustentáveis devem conduzir esse processo de mudança de paradigmas, baseada em posturas de equilíbrio entre crescer e preservar.

As decisões políticas têm de se embasar em instrumentos de sustentabilidade que priorizem o respeito ao meio ambiente, o equilíbrio social, a prosperidade e o bem-estar da maioria da sociedade, em perspectivas de longo prazo. Não é mais aceitável se orientar por quaisquer luzes de navios, mas por luzes estelares. Vamos ampliar horizontes por uma nova ordem mundial.

Bibliografia

Fontes

AB'SABER, Aziz N. Degradação da natureza por processos antrópicos na visão dos geógrafos. **Inter-fácies**, São José do Rio Preto, n.106, p.1-26, 1982.

AGÊNCIA NACIONAL DAS ÁGUAS - ANA. **Panorama da qualidade das águas superficiais do Brasil.** Ministério do Meio Ambiente/Superintendência de Planejamento de Recursos Hídricos/Agência Nacional de Águas. Caderno de recursos hídricos 1. Brasília, 2005.

______. **Atlas Brasil - abastecimento urbano de água.** Disponível em: <http://atlas.ana.gov.br/Atlas/forms/Home.aspx>. Acesso em: 25 jan. 2012.

______. **Conjuntura dos recursos hídricos no Brasil:** informe 2012. Brasília: ANA, ed. especial, 2012. 215p.

AGÊNCIA NACIONAL DE ENERGIA ELÉTRICA - Aneel. **Atlas de energia elétrica do Brasil - 2ª edição.** Brasília: Aneel, 2005 Disponível em: <http://www.aneel.gov.br/aplicacoes/Atlas/download.htm>. Acesso em: 14 jan. 2012.

______. **Atlas de energia elétrica do Brasil – 3ª edição.** Brasília: Aneel, 2008. Disponível em: <http://www.aneel.gov.br/visualizar_texto.cfm?idtxt=1689>. Acesso em: 25 mar. 2013.

______. **Cuidando das águas – soluções para melhorar a qualidade dos recursos hídricos.** Brasília: Aneel, 2011. Disponível em: <http://www.pnuma.org.br/admin/publicacoes/texto/Cuidando_das_aguas_final_baixa.pdf>. Acesso em: 25/ago/2013.

______. Resolução nº 652, de 9 de dezembro de 2003. Estabelece os critérios para o enquadramento de aproveitamento hidrelétrico na condição de Pequena Central Hidrelétrica (PCH). Disponível em: <http://www.aneel.gov.br/cedoc/res2003652.pdf>. Acesso em: 29 mai. 2012.

ARAI, Fabiane K. **Caracterização da disponibilidade hídrica na Bacia Hidrográfica do Rio Ivinhema, MS.** Dissertação de mestrado em agronomia. Dourados: Universidade Federal da Grande Dourados (UFGD), 2010.

ASSOCIAÇÃO BRASILEIRA DE CELULOSE E PAPEL – Bracelpa. **Conjuntura Bracelpa.** abr. 2013. São Paulo: Bracelpa, 2013. Disponível em: <http://www.bracelpa.org.br/bra2/sites/default/files/conjuntura/CB-053b.pdf>. Acesso em: 24 jul. 2013.

ASSOCIAÇÃO BRASILEIRA DE CELULOSE E PAPEL – Bracelpa. **Relatório Anual 2009/2010**. São Paulo: Bracelpa, 2009. Disponível em: <http://www.bracelpa.org.br/bra2/sites/default/files/estatisticas/rel2009.pdf>. Acesso em: 24 jul. 2013.

ASSOCIAÇÃO BRASILEIRA DE CELULOSE E PAPEL – Bracelpa. **Relatório de Sustentabilidade 2009.** São Paulo: Bracelpa, 2009. Disponível em: <http://www.bracelpa.org.br/bra2/sites/default/files/public/relsustenta/arquivos/relatorio2009.pdf>. Acesso em: 24 jul. 2013.

BRASIL. CONSTITUIÇÃO (1988). **Constituição da República Federativa do Brasil:** promulgada em 5 de outubro de 1988. Organização do texto: Juarez de Oliveira. 4. ed. São Paulo: Saraiva, 1990.

BRASIL. Decreto nº 24.643, de 10 de julho de 1934. Decreta o Código das Águas. **Diário Oficial [da] República Federativa do Brasil**, Rio de Janeiro, 10 jul. 1934.

______. Lei nº 9.433, de 8 de janeiro de 1997. Institui a Política Nacional de Recursos Hídricos, cria o Sistema Nacional de Gerenciamento de Recursos Hídricos, regulamenta o inciso XIX do art. 21 da Constituição Federal, e altera o art. 1º da Lei nº 8.001, de 13 de março de 1990, que modificou a Lei nº 7.990, de 28 de dezembro de 1989. **Diário Oficial [da] República Federativa do Brasil**, Brasília, DF, 8 jan. 1997

______. Lei nº 9.984, de 17 de julho de 2000. Dispõe sobre a criação da Agência Nacional de Águas - ANA, entidade federal de implementação da Política Nacional de Recursos Hídricos e de coordenação do Sistema Nacional de Gerenciamento de Recursos Hídricos, e dá outras providências. **Diário Oficial [da] República Federativa do Brasil**, Brasília, DF, 17 jul. 2000.

______. Ministério das Minas e Energia – MME. **Publicações: Plano Nacional de Energia 2030.** Disponível em: <http://www.mme.gov.br/mme/menu/todas_publicacoes.html>. Acesso em: 11 fev. 2012.

______. Ministério das Minas e Energia – MME. **Balanço Energético Nacional 2013.** Relatório síntese. Ano base 2012. Disponível em: <http://www.mme.gov.br/mme/galerias/arquivos/publicacoes/BEN/2_-_BEN_-_Ano_Base/12_-_Sxntese_do_Relatxrio_Final_BEN.pdf>. Acesso em: 10 jan. 2014.

______. Ministério das Minas e Energia – MME. Secretaria de Geologia, Mineração e Transformação Mineral – SGM. **Anuário estatístico do setor metalúrgico 2009.** Disponível em: <http://www.mme.gov.br/sgm/galerias/arquivos/publicacoes/Anuarios/Anuario_Estatistico_Setor_Metalurgico_2009-base2008.pdf>. Acesso em: 24 jul. 2013.

______. Ministério do Meio Ambiente – MMA. Conselho Nacional de Recursos Hídricos – CNRH. Resolução nº 32, de 15 de outubro de 2003.

Institui a Divisão Hidrográfica Nacional. **Diário Oficial [da] República Federativa do Brasil**, Brasília, DF, 17 dez. 2003.

______. Ministério do Meio Ambiente - MMA. Conselho Nacional de Recursos Hídricos - CNRH. Resolução nº 91, de 05 de novembro de 2008. Dispõe sobre procedimentos gerais para enquadramento dos corpos de água superficiais e subterrâneos. **Diário Oficial [da] República Federativa do Brasil**, Brasília, DF, 06 fev. 2009.

______. Ministério do Meio Ambiente - MMA. Conselho Nacional do Meio Ambiente - Conama. Resolução nº 357, de 17 de março de 2005. Dispõe sobre a classificação dos corpos de água e diretrizes ambientais para o seu enquadramento, bem como estabelece as condições e padrões de lançamento de efluentes, e dá outras providências. **Diário Oficial [da] República Federativa do Brasil**, Brasília, DF, 18 mar. 2005.

______. Ministério do Meio Ambiente - MMA. Conselho Nacional do Meio Ambiente - Conama. Resolução nº 396, de 03 de abril de 2008. Dispõe sobre a classificação e diretrizes ambientais para o enquadramento das águas subterrâneas e dá outras providências. **Diário Oficial [da] República Federativa do Brasil**, Brasília, DF, 07 abr. 2008.

______. Ministério do Meio Ambiente - MMA. **Recursos hídricos.** Disponível em: <http://www.meioambiente.gov.br/sitio/index.php?ido=conteudo.monta&idEstrutura=157>. Acesso em: 26 fev. 2012.

______. Ministério do Meio Ambiente - MMA. Secretaria de Biodiversidade e Florestas. Departamento de Conservação da Biodiversidade. **Áreas prioritárias para conservação, uso sustentável e repartição de benefícios da biodiversidade brasileira.** Atualização da Portaria MMA nº 9, de 23 de janeiro de 2007. (Série Biodiversidade). Brasília, DF: MMA, 2007. Disponível em: <http://www.mma.gov.br/estruturas/chm/_arquivos/biodiversidade31.pdf>. Acesso em 02 abr. 2014.

CARMO, Roberto L. do. **A água é o limite?** Redistribuição espacial da população e recursos hídricos no Estado de São Paulo. Tese de doutorado em demografia. Campinas: Instituto de Filosofia e Ciências Humanas da Universidade Estadual de Campinas, 2001.

COMPANHIA BRASILEIRA DE ALUMÍNIO – CBA. **Relatório de impacto ambiental (RIMA):** Usina Hidrelétrica Tijuco Alto. São Paulo: CBA, 2005. Disponível em: <http://licenciamento.ibama.gov.br/Hidreletricas/Tijuco%20Alto/RIMA.pdf>. Acesso em: 02 abr. 2014.

CÂMARA DE COMERCIALIZAÇÃO DE ENERGIA ELÉTRICA – CCEE. **Biblioteca virtual da CCEE.** Disponível em: <http://www.ccee.org.br/portal/faces/acesso_rapido_footer/biblioteca_virtual?_afrLoop=21623811938000>. Acesso em: 11 ago. 2013.

CENTRAIS ELÉTRICAS BRASILEIRAS S.A. – Eletrobras. **SIPOT** – Sistema de Informação do Potencial Hidrelétrico. Disponível em: < http://www.eletrobras.com.br/EM_Atuacao_SIPOT/sipot.asp>. Acesso em: 02 abr. 2014.

______. **Bibliotecas do Setor Elétrico.** Disponível em: <http://www.eletrobras.com/elb/data/Pages/LUMIS8535209DPTBRIE.htm>.. Acesso em: 17/mar/2012.

CENTRO TECNOLÓGICO DA FUNDAÇÃO PAULISTA DE EDUCAÇÃO E TECNOLOGIA – Cetec. Comitê da Bacia Hidrográfica do Alto Paranapanema _ CBH-ALPA. **Situação dos recursos hídricos do Alto Paranapanema UGHRI 14.** Minuta Preliminar do Relatório Técnico Final. Lins: Cetec, 1999. Disponível em: <http://www.sigrh.sp.gov.br/sigrh/ARQS/RELATORIO/CRH/CBH-ALPA/136/relalpaseg.pdf>. Acesso em: 02 abr. 2012.

CERVEIRA FILHO, José L. F. **Pós-modernidade e risco na bacia hidrográfica do alto Paranapanema:** uma análise da construção social da sub-política ambiental no município de Piraju (SP). Tese de doutorado em ciências sociais. São Carlos: Universidade Federal de São Carlos (UFSCar), 2007.

COIMBRA, Roberto. et al. **Recursos hídricos:** conceitos, desafios, e capacitação. Brasília: Aneel, 1999.

COMISSÃO MUNDIAL DE BARRAGENS – CMB/World Commission on Dams – WCD. **Barragens e desenvolvimento:** uma nova estrutura para a tomada de decisão. (Dams and development: a new framework for decision-making). Londres/Nova York: Earthscan, 2000.

______. **Estudos de Caso da Comissão Mundial de Barragens: Usina Hidrelétrica de Tucuruí (Brasil) – Relatório final – novembro de 2000.** Cape Town (África do Sul): CMB, 2000. Disponível em: <http://www.lima.coppe.ufrj.br/files/projetos/ema/tucurui_rel_final.pdf>. Acesso em: 10 jan. 2014.

COMISSÃO MUNDIAL SOBRE MEIO AMBIENTE E DESENVOLVIMENTO. **Nosso futuro comum.** Rio de Janeiro: FGV, 1987.

COMPANHIA ENERGÉTICA DE SÃO PAULO – Cesp. **Meio ambiente.** Disponível em: <http://www.cesp.com.br/portalCesp/portal.nsf/V03.02/MeioAmbiente_Abertura?OpenDocument&Menu=5%20-%20menu_lateral@@005>. Acesso em: 14 fev. 2012.

CONSELHO NACIONAL DO MEIO AMBIENTE – Conama. **Legislação ambiental.** Disponível em: <http://www.mma.gov.br/port/conama/legi.cfm>. Acesso em: 13 fev. 2012.

CONSULTOR JURÍDICO – Conjur. Município onde é gerada energia tem direito a ICMS. **Revista Consultor Jurídico,** São Paulo, 19 jun. 2009 Disponível em: <www.conjur.com.br/2009-jun-19/icms-energia-cobrado-municipio-onde-gerador>. Acesso em: 23 fev. 2012.

DEPARTAMENTO DE ÁGUAS E ENERGIA ELÉTRICA – DAEE. **Plano Estadual de Recursos Hídricos 2004-2007.** Disponível em: <http://www.daee.sp.gov.br/acervoepesquisa/perh/perh2204_2207/perh20042007.htm>. Acesso em: 23 mar. 2012.

DUKE ENERGY BRASIL. **Duke Energy aprova projeto de pista de canoagem *slalom*.** Disponível em: <www.duke-energy.com.br/imprensa/popup _imprensa.asp?ID_NOTICIA=11881>. Acesso em: 17 mar. 2012.

DUKE ENERGY BRASIL. **Educação ambiental.** Disponível em: <http://www.duke-energy.com.br/sustentabilidade/Paginas/Ambiental.aspx>. Acesso em: 11 fev. 2012.

DUKE ENERGY INTERNATIONAL. Geração Paranapanema. **Usina Rosana.** Disponível em: <http://www.duke-energy.com.br/usinas/Paginas/Usinas.aspx>. Acesso em: 07 fev. 2012.

DURUY, Victor. History of Rome. **Readings in Ancient History**. vol. V. "Suetonius 'Life of Julius Caesar' - 1883", 1912.

EMPRESA DE PESQUISA ENERGÉTICA - EPE. **Estudos do meio ambiente. Nota Técnica DEA 21/10** - Metodologia para avaliação da sustentabilidade socioeconômica e ambiental de UHE e LT. Rio de Janeiro: EPE, 2010.

______. **Estudos do meio ambiente. Nota técnica DEA 17/12** - Metodologia para avaliação socioambiental de usinas hidrelétricas. Rio de Janeiro: EPE, 2012.

______. **Balanço Energético Nacional 2011.** Disponível em: <https://ben.epe.gov.br/default2011.aspx>. Acesso em: 27 fev. 2012.

______. **Anuário Estatístico de Energia Elétrica 2012.** Disponível em: <http://www.epe.gov.br/AnuarioEstatisticodeEnergiaEletrica/Forms/Anurio.aspx>. Acesso em: 23 mar. 2013.

______. **Balanço Energético Nacional 2012.** Disponível em: <https://ben.epe.gov.br/default2012.aspx>. Acesso em: 10 ago. 2013.

FEDERAÇÃO DAS INDÚSTRIAS DO RIO DE JANEIRO - Firjan. **Quanto custa a energia elétrica para a indústria no Brasil?** Disponível em: <http://www.firjan.org.br/lumis/portal/file/fileDownload.jsp?fileId=2C908CEC33B2BA9F0133F997CC3D3359>. Acesso em: 22 fev. 2012.

FAMIGLIETTI, James S. et al. Satellites measure recent rates of groundwater depletion in California's Central Valley. **Geophysical Research Letters,** vol. 38, fev. 2011. L03403, doi:10.1029/2010GL046442.

FRANÇA, Amanda M. **Impactos sociais na bacia hidrográfica do alto paranapanema e os recursos para ações de mitigação.** Monografia de curso de especialização em gestão de usinas termelétricas. São Paulo: Instituto de Eletrotécnica e Energia Universidade de São Paulo, 2010.

FUNDAÇÃO BRASILEIRA PARA O DESENVOLVIMENTO SUSTENTÁVEL – FBDS; RAMOS, Marilene; JOHNSSON, Rosa Maria Formiga. **Água, gestão e transição para uma economia verde no Brasil:** propostas para o setor público. Brasília: FBDS, 2012.

FUNDAÇÃO BRASILEIRA PARA O DESENVOLVIMENTO SUSTENTÁVEL – FBDS; Lobato, Francisco. **Recursos hídricos e a economia verde:** setor privado. Brasília: FBDS, 2012.

FUNDAÇÃO PARA PESQUISA E DESENVOLVIMENTO DA ADMINISTRAÇÃO, CONTABILIDADE E ECONOMIA – Fundace; TONETO Júnior, Rudinei (coord.); SAIANI, Carlos César Santejo; RODRIGUES, Regiane Lopes. **Perdas de água:** entraves ao avanço do saneamento básico e riscos de agravamento à escassez hídrica no Brasil. Ribeirão Preto/São Paulo: Fundace, 2013.

GEOCRÍTICA. **Comissão mundial analisa impactos das barragens.** Disponível em: <http://socioambiental.org/website/parabolicas/edicoes/edicao54/reportag/p6>. Acesso em: 13 mar. 2012.

GIESBRECHT, Ralph Mennucci. **Estações ferroviárias do Brasil: Piraju.** Descrição, história e fotografias da estação de estrada de ferro de Piraju. Disponível em: <http://www.tramz.com/index.html>. Acesso em: 17 abr. 2014.

INSTITUTO BRASILEIRO DE GEOGRAFIA E ESTATÍSTICA. IBGE. **Censo Demográfico 2000.** Rio de Janeiro: IBGE, 2000.

______. Produto Interno Bruto (PIB) dos Municípios de 2011. **Finanças públicas 2009 – Piraju.** Disponível em <http://cod.ibge.gov.br/1O9U>. Acesso em: 14 fev. 2014.

INSTITUTO BRASILEIRO DO MEIO AMBIENTE E DOS RECURSOS NATURAIS RENOVÁVEIS – Ibama. **Sistema informatizado de licenciamento ambiental federal.** Disponível em: <http://www.ibama.gov.br/licenciamento/>. Acesso em: 17 mar. 2012.

ITAIPU BINACIONAL. **BNDES vai patrocinar equipe brasileira de *slalom*, em Foz**. 22/12/2011. Disponível em: <http://www.itaipu.gov.br/print/5134>. Acesso em: 22 mar. 2012.

JACOBI, Pedro Roberto. **Participação na gestão ambiental no Brasil:** os comitês de bacias hidrográficas e o desafio do fortalecimento de espaços públicos colegiados. Biblioteca Científica do Encontro Nacional de Comitês de Bacias Hidrográficas (Encob). Cuiabá: Encob, 2006. Disponível em: <http://www.encob.org/portal2012/biblioteca-D.php?id=56>. Acesso em: 10 jan. 2013.

JACOBI, Pedro R.; BARBI, Fabiana. Governança dos recursos hídricos e participação da sociedade civil. In: SEMINÁRIO NACIONAL MOVIMENTOS SOCIAIS, PARTICIPAÇÃO E DEMOCRACIA. 25 a 27 de abril de 2007. **Anais...** Florianópolis: UFSC, 2007.

LEMAN, Constantino. **Piraju, ontem e hoje.** Descrição do tramway de Piraju. Piraju, 1959. , pp. 120-122.

MITSCH, William J. et al. Tropical wetlands: seasonal hydrologic pulsing, carbon sequestration, and methane emissions. **Wetlands Ecologyand Management**, ano 18, n. 5, p. 573-586.

MORENO JUNIOR, Ícaro. **Uma experiência de gestão de recursos hídricos:** A implantação de uma proposta para o estado do Rio de Janeiro. Dissertação de mestrado em engenharia civil. Rio de Janeiro: Universidade Federal do Rio de Janeiro, COPPE/UFRJ, 2006.

MORRISON, Allen. **Os bondes de Piraju.** Disponível em: <http://www.tramz.com/index.html>. Acesso em: 21 abr. 2014.

MOTTA, Theo. Correspondências entre janeiro e abril de 2012.

MOURA RIBEIRO, Viviane W.; BASSANI, Christina. A questão da hidrelétrica como fonte de energia essencial no modelo atual de sustentabilidade: o caso Belo Monte. In: II CONGRESSO NACIONAL DE EXCELÊNCIA EM GESTÃO, 12 e 13 de agosto de 2011, São Paulo. **Anais...** São Paulo, 2011. p. 1-23.

MOVIMENTO CHEGA DE USINA EM PIRAJU. **OAT – Organização Ambiental Teyque'-Pe': História e Finalidades.** Disponível em: <http://www.chegadeusina.com.br/p/ongs.html>. Acesso em: 31 mar. 2012.

OBSERVATÓRIO DE INVESTIMENTOS NA AMAZÔNIA. **A corrida por megawatts:** 30 hidrelétricas na amazônia Legal. Nota Técnica 8, junho de 2012. Disponível em: <http://observatorio.inesc.org.br//visualizar_estudos.php?id=49>. Acesso em: 11 mar. 2013.

ORGANIZAÇÃO DAS NAÇÕES UNIDAS – ONU. **A ONU e o meio ambiente.** Disponível em: <http://www.onu.org.br/a-onu-em-acao/a-onu-e--o-meio-ambiente/>. Acesso em: 02 abr. 2012.

ORGANIZAÇÃO DAS NAÇÕES UNIDAS PARA AGRICULTURA E ALIMENTAÇÃO – FAO; INSTITUTO NACIONAL DE COLONIZAÇÃO E REFORMA AGRÁRIA – Incra. **Diretrizes de política agrária e desenvolvimento sustentável para a pequena produção familiar.** Brasília: FAO/Incra, 1994. 98p.

ORGANIZAÇÃO DAS NAÇÕES UNIDAS PARA A EDUCAÇÃO, A CIÊNCIA E A CULTURA – Unesco. **Recursos hídricos no Brasil.** Disponível em: <http://www.unesco.org/new/pt/brasilia/natural-sciences/water-resources/>. Acesso em: 11 jan. 2012.

ORTIZ, Lúcia Schild (Coord.) **Energias renováveis sustentáveis:** uso e gestão participativa no meio rural. Porto Alegre: Núcleo Amigos da Terra/Brasil, 2005.

OSLENDER, Ulrich. Espacio, lugar y movimientos sociales: hacia una "espacialidad de esistencia". **Scripta Nova** – Revista electrónica de geografía y cienciassociales/Universidad de Barcelona, Barcelona, vol. VI, n. 115, 1 jun. 2002. Disponível em: <http://www.ub.edu/geocrit/sn/sn-115.htm>. Acesso em: 17 mar. 2012.

PASCHOARELLI, Maria Adriana de Barros Garrote. **Preservação dos últimos sete quilômetros do leito natural do rio Paranapanema no município de Piraju.** Monografia de conclusão de curso. Piraju: Faculdade de Filosofia, Ciências e Letras de Piraju, 2005.

PEREIRA, Régis da Silva. Identificação e caracterização das fontes de poluição em sistemas hídricos. **Revista Eletrônica de Recursos Hídricos, IPH – UFRGS**, Pelotas, v. 1, n. 1, p. 20-36, 2004. Disponível em: <http://www.vetorial.net/~regissp/pol.pdf>. Acesso em: 12 abr. 2014.

PLANETA SUSTENTÁVEL. **Catástrofe do mar de Aral.** Disponível em: <http://planetasustentavel.abril.com.br/noticia/ambiente/conteudo_345576.shtml>. Acesso em: 27 mar. 2013.

PORTAL BRASIL. Desenvolvimento sustentável – cidades sustentáveis. **Revista Brasilis (Revista Digital do Portal Brasi).** Reportagens Especiais. Disponível em: <http://revista.brasil.gov.br/especiais/rio20/desenvolvimento-sustentavel/cidades-sustentaveis>. Acesso em: 07 set. 2013.

PROGRAMA CIDADES SUSTENTÁVEIS. Disponível em: <http://www.cidadessustentaveis.org.br>. Acesso em: 09 set. 2013.

PROGRAMA DAS NAÇÕES UNIDAS PARA O DESENVOLVIMENTO – PNUD. **Atlas Brasil 2013: rankings e recortes principais para avaliação do IDHM.** Disponível em: <http://www.pnud.org.br/Noticia.aspx?id=3749>. Acesso em: 01 ago. 2013.

______. **Perfil do Município de Piraju, SP.** Disponível em: <http://atlasbrasil.org.br/2013/perfil/piraju_sp>. Acesso em: 29 ago. 2013.

PROGRAMA DAS NAÇÕES UNIDAS PARA O MEIO AMBIENTE – PNUMA/Unit Nations Environment Programme – Unep; AGÊNCIA NACIONAL DE ÁGUAS (ANA); CONSELHO EMPRESARIAL BRASILEIRO PARA O DESENVOLVIMENTO SUSTENTÁVEL (CEBDS).. **Cuidando das águas:** soluções para melhorar a qualidade dos recursos hídricos. Brasília: ANA, 2011. Disponível em: <http://www.unep.org.br/publicacoes_detalhar.php?id_publi=89>. Acesso em: 04 jan. 2012.

PROGRAMA NACIONAL DE AMOSTRAS POR DOMICÍLIO – PNAD. Disponível em: <http://www.ibge.gov.br/home/estatistica/pesquisas/pesquisa_resultados.php?id_pesquisa=40>. Acesso em: 29 set. 2013.

REZENDE, Leonardo P. **Dano moral e licenciamento ambiental de barragens hidrelétricas.** Curitiba: Juruá, 2003. 138p.

ROSS, Jurandir L. S. **Hidrelétricas e os impactos socioambientais.** In: STIPP, Nilza A. F. (Org.). Análise ambiental – usinas hidrelétricas: uma visão multidisciplinar, Londrina: UEL/Nema, 1999.

SANTEJO SANI, Carlos César; MENEZES, Rafael Terra; TONETO JÚNIOR, Rudnei. **Desestatização do abastecimento de água no Brasil: efeitos sobre o acesso e a desigualdade de acesso.** Disponível em: <http://www.anpec.org.br/encontro2009/inscricao.on/arquivos/000-efbd-13128f371a7c7b79b4c0b1e4ba20.pdf>. Acesso em: 05 abr. 2014.

SÃO PAULO (ESTADO). SECRETARIA DE SANEAMENTO E RECURSOS HÍDRICOS. **Sistema Paulista de Recursos Hídricos.** Disponível em: <http://www.saneamento.sp.gov.br/noticia_111222.html>. Acesso em: 21 mar. 2012.

SÃO PAULO (ESTADO). SECRETARIA DO MEIO AMBIENTE – SMA. **Pontal do Paranapanema:** zoneamento ecológico-econômico. São Paulo: SMA, 1999.

SÃO PAULO (ESTADO). SECRETARIA DO MEIO AMBIENTE – SMA. Sistema Ambiental Paulista. **Município Verde Azul – Ranking Pontuação.** Disponível em: <http://www.ambiente.sp.gov.br/municipioverdeazul/ranking-pontuacao/>. Acesso em: 21 ago. 2013.

SETTI, Arnaldo A. et al. **Introdução ao gerenciamento de recursos hídricos.** 2. ed. Brasília: Agência Nacional de Energia Elétrica, Superintendência de Estudos e Informações Hidrológicas, 2000.

SILVA, José G. **Estrutura agrária e produção de subsistência na agricultura brasileira.** 2. ed. São Paulo: Hucitec, 1980.

SILVA, Ludimilla Lima. **A compensação financeira das usinas hidrelétricas como instrumento econômico de desenvolvimento social, econômico e ambiental.** Dissertação de mestrado. Brasília: Universidade de Brasília (UnB), 2007.

SISTEMA INTEGRADO DE GERENCIAMENTO DE RECURSOS HÍDRICOS – SIGRH. **Qualidade das águas interiores no Estado de São**

Paulo, 2008. Disponível em: <http://www.sigrh.sp.gov.br/sigrh/basecon/lrh2000/lrh2000.htm>. Acesso em: 02 abr. 2012.

SOUZA, Edson Belo Clemente de. Efeitos sociais e ambientais provocados pela construção da hidrelétrica de Itaipu: mundo. In: ENCONTRO INTERNACIONAL "LUGAR, FORMAÇÃO SOCIOESPACIAL", 1994, São Paulo. São Paulo: Associação Nacional de Pós-Graduação e Pesquisa em Geografia (ANPEGE), 1994. p. 126.

TRANSPIRA - ORGANIZAÇÃO NÃO GOVERNAMENTAL TRANSPARÊNCIA PIRAJU. **ONG cobra regularização de áreas atingidas por represa em Piraju.** Disponível em: <http://www.estanciapiraju.com.br/transpira/>. Acesso em: 30 mar. 2012.

VAINER, Carlos B.; ARAÚJO, Frederico Guilherme B. **Grandes projetos hidrelétricos e desenvolvimento regional.** Rio de Janeiro: Centro de Documentação e Informação (Cedi), 1992.

VAINER, Carlos B.; BERMANN, Célio. Lições da crise energética. **O Globo**, Rio de Janeiro, 26 out. 2001. Disponível em: <http://alainet.org/active/1516&lang=es>. Acesso em: 10 jan. 2014.

________. **Uma nova civilização energética.** Observador online, 14/07/2011. Disponível em: <http://www.observadorpiraju.com.br/coluna_rodnei.asp?id=2608>. Acesso em: 18 fev. 2012.

________. **Cidades sustentáveis.** Observador online, 05/09/2011. Disponível em: <http://www.observadorpiraju.com.br/coluna_rodnei.asp?id=2639>. Acesso em: 23 fev. 2012.

VARELA NETO, Paulo L. Pacto nacional pela gestão das águas. Construindo uma visão nacional. In: REUNIÃO DA ANA E SECRETÁRIOS ESTADUAIS DE RECURSOS HÍDRICOS, 2011. Brasília, dez. 2011.

VERDUM, Roberto; MEDEIROS, Rosa M. V. (Org) **Rima: Relatório de Impacto Ambiental.** 4. ed. rev. e ampl. Porto Alegre: Ed. UFRGS, 2002.

VOSS, Katalyn A. et al. Groundwater depletion in the Middle East from GRACE with implications for transboundary water management in the Tigris-Euphrates-Western Iran region. **Water Resources Research.** v. 49,

n. 2, p. 904-914, 2013. Abstract. doi:10.1002/wrcr.20078. Disponível em: <http://onlinelibrary.wiley.com/doi/10.1002/wrcr.20078/abstract>. Acesso em: 10 jan. 2014.

WORLD WILDLIFE FUND – WWF. **Agenda elétrica sustentável 2020:** estudo de cenários para um setor elétrico brasileiro eficiente, seguro e competitivo. Brasília: WWF, 2006. Disponível em: <http://assets.wwf.org.br/downloads/wwf_energia_ebook.pdf>. Acesso em: 03 abr. 2012.

Jornais, Revistas e Periódicos

BRITO, Agnaldo. Energia passa a subir menos que a inflação. **Folha de S. Paulo**, São Paulo, 05 abr. 2012. Disponível em: <http://www1.folha.uol.com.br/mercado/1071997-energia-passa-a-subir-menos-que-a-inflacao.shtml>. Acesso em: 05 abr. 2012.

BRUM, Adriana. Sem dinheiro, canoagem nacional pede socorro. **Gazeta do Povo**, Curitiba, 21 dez. 2011. Disponível em: <http://www.gazetadopovo.com.br/esportes/conteudo.phtml?id=1205467>. Acesso em: 15 jan. 2012.

BURGARELLI, Rodrigo. Só 8% dos municípios brasileiros arrecadam mais do que gastam. **O Estado de S. Paulo**, São Paulo, 04 jan. 2014. Disponível em: <http://economia.estadao.com.br/noticias/economia-geral,so-8-dos-municipios-brasileiros-arrecadam-mais-do-que-gastam,174415,0.htm>. Acesso em 16 fev. 2014.

Conhecendo o idealizador do Parque Remo Dourado. **Observador de Piraju**, Piraju, 25 fev. 2012.

CORONATO, Marcos. et al. O Brasil pede água. **Revista Época**, São Paulo, Edição Verde, p. 44-62, 24 mar. 2014.

DERIVI, Carolina. Pequenas, porém invocadas. **Revista Página 22**, São Paulo, ed. 29, 20 abr. 2009. Disponível em: <http://pagina22.com.br/index.php/2009/04/pequenas-porem-invocadas>. Acesso em: 05 jan. 2012.

EC Brasil apresenta proposta para construção de usina em Piraju. **Folha de Piraju**, Piraju, 07 abr. 2011. Disponível em: <http://folhadepiraju.

blogspot.com.br/2011/04/usina-em-piraju.html>. Acesso em: 21 fev. 2012.

EC Brasil propõe parque aquático como compensação por usina. **Observador de Piraju**, Piraju, jan. 2012. Disponível em: <www.observadorpiraju.com.br/ver_noticia.asp?id=3194Em>. Acesso em: 23 fev. 2012.

EDITORIAL. Energia no escuro. **Folha de S. Paulo**, São Paulo, p. A2, 01 set. 2013. Disponível em: <http://www1.folha.uol.com.br/opiniao/2013/09/1335092-editorial-energia-no-escuro.shtml>. Acesso em: 10 jan. 2014.

EDITORIAL. Mobilidade urbana sustentável. **Revista Labverde (Laboratório Verde) – FAU/USP**, São Paulo, v. 1, n. 5, dez. 2012. Disponível em: <http://www.fau.usp.br/depprojeto/revistalabverde/edicoes/ed05.pdf>. Acesso em: 13 jan. 2014.

EDITORIAL. Modelo elétrico danoso. **O Estado de S. Paulo**, São Paulo, p. 3, 07 fev. 2011. Disponível em: <http://www.estadao.com.br/noticias/impresso,modelo-eletrico-danoso,1127619,0.htm>. Acesso em: 21 mar. 2014.

Estudo de Vecchia mostra que projeto de nova usina é desvantajoso para Piraju. **Observador de Piraju**, Piraju, p. 4, 14 abr. 2012.

FERREIRA, Lúcia C. Ecologia e economia os desafios da articulação. **Revista Agricultura Sustentável**, Jaguariúna, p. 23-26, jan./jun. 1994.

FREITAS, Tatiana. Brasil ainda é promessa em pescados de cativeiro. **Folha de S. Paulo**, São Paulo, p. B5, 31 mar. 2013. Disponível em: <http://www1.folha.uol.com.br/mercado/1254945-brasil-ainda-e-promessa-em-pescados-de-cativeiro.shtml>. Acesso em: 10 jan. 2014.

GIRALDI, Alice. A água que ninguém vê. **Revista Unesp Ciência**, São Paulo, ano 4, n. 41, p. 18-25, 02 mai. 2013. Disponível em: <http://www.unesp.br/aci_ses/revista_unespciencia/acervo/41/aquiferos>. Acesso em 09 nov. 2013.

GOLDEMBERG, José; LUCON, Oswaldo dos S. Energia e meio ambiente no Brasil. **Estudos Avançados**, São Paulo, v. 21, n. 59, p. 7-20, 2007.

GONÇALVES, Alexandre. Rios Tietê e Pinheiros têm tipos de poluição diferentes, mostra estudo. **O Estado de S. Paulo**, São Paulo, 11 fev. 2012. Disponível em: <http://www.estadao.com.br/noticias/vidae,rios-tiete-e-pinheiros-tem-tipos-de-poluicao-diferentes-mostra-estudo,834594,0.htm>. Acesso em: 11 fev. 2012.

IDHM de Piraju é o 400º entre municípios brasileiros. **Observador de Piraju**, Piraju, p. 5, 03 ago. 2013.

LANNA, Antonio E. Sistemas de gestão de recursos hídricos: análise de alguns arranjos institucionais. **Ciência & Ambiente**, Santa Maria, v. 1, n. 21, p. 21-56, jul. 2000.

LEBVRE LA ROVERE, Emilio. O planejamento do setor elétrico brasileiro: principais problemas. **Revista Travessia – Barragens**, Publicação do CEM, São Paulo, ano II, v. 2 n. 6, p-12-17, jan./abr. 1990.

LOVATELLI, Carlos; FÁVARO, Carlos. As eclusas na ampliação do modal hidroviário. **O Estado de S. Paulo**, São Paulo, 30 jun. 2012. Disponível em: <http://www.estadao.com.br/noticias/impresso,as-eclusas-na-ampliacao-do-modal-hidroviario,893783,0.htm>. Acesso em 21 mar. 2014.

MACHADO, Carlos J. Saldanha. Recursos Hídricos e Cidadania no Brasil: Limites, Alternativas e Desafios. **Revista Ambiente & Sociedade,** s.l., vol. VI, n. 2, jul./dez. 2003.

Orçamento do município de Piraju para 2014 é de mais de R$ 65 milhões. **Observador de Piraju**, Piraju, p. 9, 16 nov. 2013.

PADUA, Suzana. Uma riqueza a ser protegida. **Folha de S. Paulo**, São Paulo, p. A3, 25 ago 2013. Disponível em: <http://www1.folha.uol.com.br/opiniao/2013/08/1331525-suzana-padua-uma-riqueza-a-ser-protegida.shtml>. Acesso em: 10 jan. 2014.

PEREIRA, Pablo. Macapá, a capital sem água nem esgoto. Reportagens especiais – saneamento básico. **O Estado de S. Paulo**, São Paulo, p. A26, 01 set. 2013. Disponível em: <http://www.estadao.com.br/noticias/impresso,macapa-a-capital-sem-agua-nem-esgoto,1070026,0.htm>. Acesso em: 13 jan. 2014.

PEREIRA, Renée. Atraso de usinas deixa país sem energia suficiente para abastecer 8 milhões. **O Estado de São Paulo**, São Paulo, 14 abr. 2014. Disponível em: <http://economia.estadao.com.br/noticias/economia-geral,atraso-de-usinas-deixa-pais-sem-energia-suficiente-para-abastecer-8-milhoes,181933,0.htm>. Acesso em: 15 abr. 2014.

POLENGHI, Gilberto. Relembrando – descrição da linha interurbana de Sarutaiá. **Jornal Folha de Piraju**, Piraju, p. 6, 04 fev. 1984,

Piraju II, perguntas e respostas. **Observador de Piraju**, Piraju, 03 mar. 2012.

SALLOWICZ, Mariana; SOARES, Pedro. Analfabetismo no país para de cair pela 1ª vez em 15 anos. **Folha de S. Paulo**, Rio de Janeiro, p. C2, 27 set. 2013. Disponível em: <http://www1.folha.uol.com.br/educacao/2013/09/1348178-taxa-de-analfabetismo-deixa-de-cair-pela-primeira-vez-em-15-anos-e-vai-a-87.shtml>. Acesso em: 10 jan. 2014.

SANTOS, Vera L. dos. Impactos sociais de grandes projetos hidrelétricos. **Caderno de Geografia**, Belo Horizonte, v. 12, n. 19, p. 35-48, 2º semestre 2002.

SIGAUD, Lygia. O efeito das tecnologias sobre as comunidades rurais: o caso das grandes barragens. **Revista Brasileira de Ciências Sociais**, DUMARA – ANPOCS, Rio de Janeiro, ano 7, n. 18, fev. 1992.

TOMALSQUIM, Maurício. O país tomou medidas para evitar um novo apagão? Margem de segurança. **Folha de S. Paulo**, São Paulo, p. A3, 15 fev. 2014. Disponível em: <http://www1.folha.uol.com.br/fsp/opiniao/152213-margem-de-seguranca.shtml>. Acesso em: 01 mar. 2014.

WARTH, Anne; VILLAVERDE, João. Redução da conta de luz pode custar R$ 6,7 bilhões para o contribuinte. **O Estado de S. Paulo**, São Paulo, 28 jul. 2013. Disponível em: <http://economia.estadao.com.br/noticias/economia-geral,reducao-da-conta-de-luz-pode-custar-r-67-bilhoes-para-o-contribuinte,160287,0.htm>. Acesso em: 29 jul. 2013.

VAINER, Carlos B. Implantação de grandes hidrelétricas: estratégias do Setor Elétrico, estratégias das populações atingidas. **Revista Travessia – Barragens**, Publicação do CEM, São Paulo, ano II, n. 6, p. 18-24, jan./abr. 1990.

VEIGA, José Eli. Problemas da transição à agricultura sustentável. **Estudos Econômicos**, São Paulo, n. 24, ed. especial, 1994.

VEIGA, Lilian Bechara Elabras; MAGRINI, Alessandra. Gestão da qualidade da água: Brasil e Estados Unidos. In: ENGEMA 2009 – XI Encontro Nacional e I Encontro Internacional Sobre Gestão Empresarial e Meio Ambiente, 2009, Fortaleza, Ceará. Fortaleza: UNIFOR/FGV, 2009. p. 1-11.

Livros

ABRAMOVAY, Ricardo. **De camponeses a agricultores:** paradigmas do capitalismo agrário em questão. Campinas: Unicamp, 1992.

ALMEIDA, Fernando (Org.). **Desenvolvimento sustentável 2012-2050:** visão, rumos e contradições. Rio de Janeiro: Elsevier, 2012.

BARTH, Flavio T. **Aspectos institucionais do gerenciamento de recursos hídricos.** In: REBOUÇAS, Aldo da C. et al. Águas doces no Brasil: Capital ecológico, uso e conservação, 2. ed., São Paulo: Escrituras, 2002.

BERMANN, Celio. **Repowering hydroelectric utility plants as an environmentally sustainable alternative to increasing energy supply in Brazil.** In: BECKER, Michael (Ed.). Research report. Brasília: WWF-Brasil, 2004a. v.X., 36p.

________. **Exportando a nossa natureza:** produtos intensivos em energia. Implicações sociais e ambientais. Rio de Janeiro: Fase, 2004b. 70p.

BRANDENBURG, Alfio. **Agricultura familiar:** ONGs e desenvolvimento sustentável. Curitiba: UFPR, 1999.

CÁCERES, Miguel F. **Piraju** – memórias políticas e outras memórias. São Paulo: s.n., 1998.

CARVALHO, Cláudio Elias. et al. **Energia, recursos naturais e a prática do desenvolvimento sustentável.** Barueri: Manole, 2005.

CAVALCANTI, Clovis. **Meio ambiente, desenvolvimento sustentável e políticas públicas.** São Paulo: Cortez, 1997.

COSTA, Wanderley M. **O Estado e suas políticas territoriais no Brasil.** São Paulo: Contexto/Edusp, 1988.

DANIELS, Farrington. **Direct use of the suns energy.** New Haven: Yale University Press, 1964.

DIAMOND, Jared. **Colapso:** como as sociedades escolhem o fracasso ou o sucesso. Rio de Janeiro: Record, 2010.

FRIEDMAN, Thomas L. **Quente, plano e lotado:** os desafios e oportunidades de um novo mundo. Rio de Janeiro: Objetiva, 2010.

GALLO, Max. **César Imperador.** Rio de Janeiro: Nova Fronteira, 2004.

GERMANI, Guiomar I. **Expropriados.** Terra e água: o conflito de Itaipu. Salvador: Ulbra, 2003.

GLADWELL, Malcolm. **The tipping point:** how little things can make a big difference. Nova York: Hachette Book Group, 2000.

GOHN, Maria. **Conselhos gestores e participação sociopolítica.** 3. ed. São Paulo: Cortez, 2007.

GORE, Al. **O futuro:** seis desafios para mudar o mundo. São Paulo: HSM Editora, 2013.

HAWKEN, Paul; LOVINS, Amory; LOVINS, L. Hunter. **Capitalismo natural:** criando a próxima revolução industrial. São Paulo: Cultrix, 2007.

HOGAN, Daniel J.; VIEIRA, Paulo F. (Orgs.). **Dilemas socioambientais e desenvolvimento sustentável.** 2. ed. Campinas: Unicamp, 1995.

HUBBERT, M. King. **Energy resources.** In: CLOUD, Preston (Org.). Resources and man. San Francisco: Freeman, 1969. p. 157-242.

JONG, Gerardo M. **As grandes obras hidrenergéticas.** Contribuição para a análise de seus efeitos regionais. In: SOUZA, Maria A. de. et al. O novo mapa do mundo – natureza e sociedade hoje: uma leitura geográfica. São Paulo: Hucitec/ANPUR, 1993.

JUNK, Wolfgang Johannes. **Wetlands of Tropical South America.** In: WHIGHAM, Dennis; HEJNÝ, Slavomil; DYKYJOVÁ, Dagmar. (Eds.). Wetlands of the World I: inventory, ecology and management. Dordrecht: Dr. W. Junk Publ, 1993.

LEROY, Jean P. **Prefácio.** In: BERMANN, Celio. Energia no Brasil: para quê? Para quem? - Crise e alternativas para um país sustentável. São Paulo: Livraria da Física, Fase, 2002.

LITTLE, Paul E. **Os conflitos socioambientais:** um campo de estudo e de ação política. In: BURZSZTYN, Marcel (Org.). A difícil Sustentabilidade: política energética e conflitos ambientais. Rio de Janeiro: Garamond, 2001.

MAIA, Nilson B., LESJK, Henry. (Coords.). **Indicadores ambientais.** São Paulo: Martos, 1997.

MARTIN, Jean M. **Economia mundial de energia.** São Paulo: Ed. Unesp, 1990.

MIELNIK, Otávio; NEVES, Cíntia Costa. **Características da estrutura de produção de energia hidrelétrica no Brasil.** In: ROSA, Luiz P Pinguelli. et. al. Impactos de grandes projetos hidrelétricos e nucleares. Aspectos econômicos, tecnológicos, sociais e ambientais. São Paulo: Marco Zero, 1988.

MORIN, Edgar. **A via para o futuro da humanidade.** Rio de Janeiro: Bertrand, 2013.

MÜLLER, Arnaldo C. **Hidrelétricas, meio ambiente e desenvolvimento.** São Paulo: Makron Books, 1995.

OLIVEIRA, de Henrique. et al. **Aspectos físicos e socioeconômicos da bacia hidrográfica do rio Ivinhema.** Dourados: Embrapa Agropecuária Oeste, 2000.

OLIVEIRA, Helli A. de. **Da responsabilidade do Estado por danos ambientais.** Rio de Janeiro: Florense, 1990.

PINTO, Tão G. **Itaipu:** integração em concreto ou uma pedra no caminho. Barueri: Manole, 2009.

REIS, Lineu B.; NEVES DA CUNHA, Eldis C. **Energia elétrica e sustentabilidade:** aspectos tecnológicos, socioambientais e legais. Barueri: Manole, 2006.

ROSA, Luiz Pingueli. et al. **Impactos de grandes projetos hidrelétricos e nucleares.** Aspectos econômicos, tecnológicos, sociais e ambientais. São Paulo: Marco Zero, 1988.

SACHS, Ignacy. **Estratégias de transição para o século XXI.** In: BURZSZTYN, Marcel (Org.). Para pensar o desenvolvimento sustentável. São Paulo: Brasiliense, 1993.

SANTOS, Milton. **Metamorfoses do espaço habitado.** São Paulo: Hucitec, 1988.

SIGAUD, Lygia. **Efeitos sociais de grandes projetos hidrelétricos:** as barragens de Sobradinho e Machadinho. In: ROSA, Luiz Pingueli. et al. Impactos de grandes projetos hidrelétricos e nucleares. Aspectos econômicos, tecnológicos, sociais e ambientais. São Paulo: Marco Zero, 1988. p. 83-166.

SMITH, Laurence C. **O mundo em 2050:** como a demografia, a demanda de recursos naturais, a globalização, a mudança climática e a tecnologia moldarão o futuro. Rio de Janeiro: Elsevier, 2011.

STIPP, Nilza A. Freres (Org.). **Análise ambiental:** usinas hidrelétricas: uma visão multidisciplinar, Londrina: UEL/Nema, 1999.

TARQUI, Jorge Luis Zegara; SILVA, Eraly Alves. Discussão sobre a aplicação do modelo brasileiro de recursos hídricos. Disponível em: <http://www.ucsal.br/download/veritati/v3_05_jorge%20tarqui%20e%20eraly%20silva.pdf>. Acesso em: 16 ago. 2012.

THOMAS, Janet M.; CALLAN, Scott J. **Economia ambiental:** aplicações, políticas e teoria. São Paulo: Cengage Learning, 2010.

THOMAS, Keith. **O homem e o mundo natural.** São Paulo: Companhia das Letras, 1988.

TRAMONTINA, Carlos. **Tietê, presente e futuro.** São Paulo: BeiEditora, 2011.

TRIGUEIRO, André. **Mundo sustentável 2:** novos rumos para um planeta em crise. São Paulo: Globo, 2012.

TUCCI, Carlos E. M. **Hidrologia:** ciência e aplicação. 4. ed. Porto Alegre: UFRGS/ABRH, 2009.

VAINER, Carlos B. **População, meio ambiente e conflito social na construção de hidrelétricas.** In: MARTINE, George (Org.). População, meio ambiente e desenvolvimento: verdades e contradições. Campinas: Unicamp, 1993. p.183-207.

VECCHIA, Rodnei. **O meio ambiente e as energias renováveis.** Barueri: Manole, 2010.

VELA, Hugo (Org.). **Agricultura e desenvolvimento sustentável no Mercosul.** Santa Maria: UFRGS, 2003.

VERDUM, Ricardo. et al. **Integração, usinas hidrelétricas e impactos socioambientais.** Brasília: INESC, 2007.

WALDMAN, Maurício. **Ecologia e movimentos sociais:** breve fundamentação. In: VIANNA, Ana L. (Org.). Hidrelétricas, ecologia e progresso. Rio de Janeiro: Centro de Documentação e Informação (Cedi), 1990.

Índice remissivo

A

F

G

H

I

J

L

M

N

O

P

Q

R

S

T

U

V

W

X

Z

FONTES: Mercury e Vista